额济纳浅层地下水动态及关键水文过程试验研究

王平　著

中国水利水电出版社
www.waterpub.com.cn
·北京·

内 容 提 要

地下水动态及地下水与地表水的相互作用是干旱区生态水文学研究的重要内容。本书基于作者多年来对黑河下游研究工作的积累，较为系统地论述了额济纳地区地下水化学特征及地下水循环模式、地下水动态及驱动因素、地表水与地下水转化机制和潜水蒸散发等内容，并提出了干旱区地下水研究理论与方法的新视角与新展望。

本书可作为水文地质学、水文地理学、生态水文学等专业领域科研人员、高校研究生和本科生的参考用书，也可供地质、水利、农业、环境等领域的科技人员、决策制定者、政府管理人员及企业人士参考。

图书在版编目（CIP）数据

额济纳浅层地下水动态及关键水文过程试验研究 / 王平著. -- 北京 : 中国水利水电出版社，2022.9
ISBN 978-7-5226-0773-3

Ⅰ. ①额… Ⅱ. ①王… Ⅲ. ①浅层地下水－地下水动态－研究－额济纳旗②浅层地下水－水文循环－试验－研究－额济纳旗 Ⅳ. ①P641.622.64②P339-33

中国版本图书馆CIP数据核字(2022)第107799号

书 名	额济纳浅层地下水动态及关键水文过程试验研究 EJINA QIANCENG DIXIASHUI DONGTAI JI GUANJIAN SHUIWEN GUOCHENG SHIYAN YANJIU
作 者	王平 著
出版发行	中国水利水电出版社 （北京市海淀区玉渊潭南路 1 号 D 座　100038） 网址：www.waterpub.com.cn E-mail：sales@mwr.gov.cn 电话：(010) 68545888（营销中心）
经 售	北京科水图书销售有限公司 电话：(010) 68545874、63202643 全国各地新华书店和相关出版物销售网点
排 版	中国水利水电出版社微机排版中心
印 刷	天津嘉恒印务有限公司
规 格	170mm×240mm　16 开本　12.75 印张　209 千字
版 次	2022 年 9 月第 1 版　2022 年 9 月第 1 次印刷
定 价	70.00 元

凡购买我社图书，如有缺页、倒页、脱页的，本社营销中心负责调换

序

　　绿洲是干旱区社会、经济发展以及环境保护的核心区域。地处我国第二大内陆河流域——黑河流域下游的额济纳绿洲是我国西北地区重要的生态屏障，在生态环境保护和建设中具有重要意义。地下水是干旱区水资源的重要组成部分，也是干旱区植物生长所依赖的关键水源。20 世纪 90 年代，随着人口的增长和黑河中游地区用水量的增加，进入下游的河道来水量急剧减少。来水量的减少直接导致了黑河下游额济纳绿洲区的地下水水位下降，地下水储量减少，进而使生态环境不断恶化，出现绿洲萎缩、植被退化、沙尘暴频率增加等生态环境问题。为恢复和改善额济纳绿洲区的生态环境，21 世纪初开始向黑河下游实施生态输水。自生态输水以来，沿河两岸地下水水位得到抬升，额济纳绿洲区生态环境也得到了明显改善。

　　深入开展生态输水以来地下水动态及其关键水文过程研究，对夯实干旱区地下水资源和生态环境保护基础、促进人与自然和谐共生有重要价值。由中国科学院地理科学与资源研究所王平副研究员撰写的《额济纳浅层地下水动态及关键水文过程试验研究》一书，全面总结了他在研究团队支持下，自 2009 年起在黑河下游额济纳绿洲区开展的地下水研究工作。该专著集中展示了地下水水位与水化学观测、河流与地下水含水层水量交换的野外试验结果，深入揭示了地下水循环与变化机制，创新发展了干旱区河岸带植物蒸腾定量的地下水水位波动法等内容，是一本在长期观测-试验、数据-模拟的研究成果基础上集成凝练的优秀著作。

我相信该书的出版，将丰富我国干旱区地下水研究的思路、数据与方法，促进对气候和人类活动共同影响下干旱区地下水变化及影响的认知，推动我国干旱区地下水科学的发展。

中国科学院院士

2022 年 6 月 10 日

前言

　　全球旱区约占陆地总面积的 40%～45%，降水稀少、水资源匮乏、生态环境极其脆弱，且对全球变化的响应十分敏感。黑河下游地处我国西北极度干旱区内陆河流域，降水稀少，生态环境极为脆弱。20 世纪 60 年代以来，随着黑河中游地区对来水消耗增大，导致下游来水量逐年减少，甚至常年断流，引发额济纳绿洲急剧萎缩、生态退化。特别是 90 年代后，黑河下游尾闾湖东、西居延海相继干涸，严重威胁其"生态屏障"地位，绿洲区生态环境问题引起国内外学者广泛关注。自 2000 年，国家对黑河实施统一调度与管理后，额济纳绿洲生态环境得到逐步恢复。

　　地下水作为旱区重要的生态环境因子，在水循环过程中与地表水不断转化，其动态变化直接影响生态系统的天然平衡状态。干旱内陆河流域植被生长在很大程度上依赖于浅层地下水。确定既不引起荒漠化又不使土壤发生强烈盐渍化的生态地下水水位对恢复干旱区生态环境至关重要。作者研究团队对额济纳盆地，尤其是额济纳绿洲区地下水进行了大量深入研究，重点关注了 2000 年生态输水后绿洲区地下水恢复现状及浅层地下水水量和水化学动态变化，为黑河流域水资源统一调控和生态保护与修复奠定了基础。

　　作者自 2009 年参加工作以来，作为项目骨干先后参与了中国科学院地理科学与资源研究所于静洁研究员承担的国家基础研究计划"973"项目课题"流域水文过程与绿洲化、荒漠化的相互作用及综合模拟（2009CB421305）"、国家自然科学基金重大研究计划培育项目"额济纳三角洲浅层地下水位与盐分动态、变化机制与生态响应研究（91025023）"和国家自然科学基金面上项目"额济纳三角洲日尺度水面蒸发与潜水蒸发同步观测与定量研究（41271049）"。自 2013 年，作者开始主持国家自然科学基金青年项目"河水温度对干旱区宽浅型河床渗透系数影响的定量研究（41301025）"和国家自然科学基金面上项目"基于根系自优化机制的干旱区地下水湿生植物用水策略研究（41671023）"。在上述项目的资助下，作者与研究组成员在黑河下游连续开展实地考察、地下水水位连续监测、地表水与地下水交换野外试验、地表水与地下水采样与分析、地下水系统数值模拟等工作，系统研究了黑河下游地下水动态及影响地下水变化的关键水文过程。

在开展研究过程中，得到了内蒙古自治区额济纳旗水务局、内蒙古自治区阿拉善乌海水文水资源勘测局、黑河水资源与生态保护研究中心等部门的大力支持与协助。非常感谢刘昌明院士、夏军院士、于静洁研究员等前辈的指导与帮助。研究组张一驰、闵雷雷、杜朝阳、王田野、张学静、李蓓、张家玲、王龙凤、张卉、于宗绪等人在本书的出版过程中和前期黑河下游地下水研究过程中付出了努力，在此一并向他们表示感谢。

本书的出版得到了国家自然科学基金（42061134017、42071042、41877165）的资助。限于时间和作者水平，书中难免存在不当和谬误之处，恳请读者批评指正！

作者

2022 年 5 月

目录

第1章

自然地理和区域水文地质概况

1.1 自然地理概况

1.1.1 地形地貌特征

黑河流域是我国第二大内陆河流域,地处西北干旱区,其上中游位于甘肃省境内,下游位于内蒙古自治区阿拉善盟额济纳旗境内。额济纳盆地位于黑河下游,南与甘肃省鼎新盆地相邻,西以马鬃山剥蚀山地东麓为限,东接巴丹吉林沙漠,北抵中蒙边境。地理坐标为东经 $99°25'\sim102°00'$,北纬 $40°10'\sim42°30'$,面积约 11.46 万 km^2,行政区划主要隶属内蒙古自治区阿拉善盟额济纳旗(武选民 等,2002)。

额济纳盆地南、西、北三面为低山所环抱,盆地内地势低平。区内海拔高度为 $820\sim1127m$,最低点为盆地北部的东、西居延海,最高点为南部的狼心山。总体上自南向北,自东向西缓慢倾斜,地面坡降为 $1‰\sim3‰$(谢全圣,1980;武选民 等,2002)。额济纳盆地地区,除沿河区和古日乃区植被分布较为集中外,大部分是戈壁、低山丘陵风蚀地、沙漠和盐碱地(胡建华 等,2007)。研究区主要地貌类型包括构造剥蚀的低山丘陵,洪积冲积的戈壁平原,风力沉积的流动沙丘和半流动沙丘,河流冲积的三角洲平原及构造和残留的湖盆洼地(席海洋,2009)。其中戈壁平原约 6.7 万 km^2,占总面积的 58%;低山残丘和巴丹吉林沙漠及边缘的沙丘约 2.5 万 km^2,占总面积的 22%;生存条件较好的冲积平原

（含湖、河底地）约 2.3 万 km²，约占总面积的 20%（谢全圣，1980；武选民 等，2002）。

额济纳三角洲地区的景观外貌可分为荒漠和绿洲两大部分。荒漠按地表物质组成可划分为砾质荒漠（分布于东戈壁、中戈壁和西戈壁）、沙质荒漠（巴丹吉林沙漠及一些片块状的流动沙丘和半流动沙丘）、石质荒漠（分布于准平原化的丘陵残丘）、盐质荒漠（研究区内地势低洼处，呈斑块状分布）、黏质荒漠（分布于研究区内东北部，多为历史上的弃耕土地）。绿洲有天然绿洲和人工绿洲之分。天然绿洲主要分布在东、西两河及东居延海一带。东、西两河地区由于每年的少量河水滋润，生长着乔木、灌木及各种草本植物，沿河两岸为胡杨林和沙枣林，河间高地生长着柽柳，林下生长着苦豆子、甘草、芦苇等类，土壤为草甸土。人工绿洲主要分布在达来呼布镇周围及其以北地区，面积较小，主要是林地和耕地（谢全圣，1980；武选民 等，2002）。

1.1.2　气象水文条件

额济纳盆地深居我国西北内陆腹地，为典型的大陆性干旱气候区，降水稀少，蒸发强烈，温差大，风大沙多。据额济纳旗气象站 1957—2013 年观测，额济纳绿洲区多年平均降水量为 42mm，年均蒸发量为 1400～1500mm（Liu et al.，2016；Wang et al.，2014b）。降水多集中在每年的 6—9 月，一次降水量大于 10mm 的降水十分罕见，因此，大气降水对地表径流、地下水的直接补给作用十分微弱（谢全圣，1980；胡建华 等，2007）。

黑河是流入额济纳盆地唯一的河流。黑河起源于祁连山，流经甘肃省河西走廊的张掖、临泽盆地，于高台县境内的正义峡穿过北山（合黎山），流出走廊约 180km 进入额济纳盆地。黑河从鼎新进入额济纳盆地流经约 80km，于盆地内的狼心山分为东、西两个支流（河），分别流向盆地北部的东、西居延海，其在额济纳盆地内的总流长约 240km（谢全圣，1980；武选民 等，2002）。

据黑河中游正义峡水文站多年的资料,中游下泄水量 1949 年以前为 13.19 亿 m^3;50 年代为 12.31 亿 m^3,60 年代为 10.50 亿 m^3,70 年代为 10.63 亿 m^3,80 年代为 11.24 亿 m^3,90 年代为 7.74 亿 m^3。中游多年平均下泄水量为 11.32 亿 m^3,实际输入到黑河下游的多年平均水量为 4.67 亿 m^3,占 41.3%。进入 90 年代,随着黑河中游地区工农业发展对水资源需求量的日益增加,中游下泄水量骤减(谢全圣,1980)。50—60 年代,黑河下游额济纳河行水期一般为 8~10 个月,遇丰水年景,长流不断,但在 1961—1962 年,两河年径流量只有 2.2 亿 m^3,夏季河道流水只有十几天。70 年代后,一般每年来两次水,即春季和秋季,行水期 5 个月左右,一般 4—10 月无水,个别枯水年份(70 年代有 4 年、80 年代有 2 年)自春水断流后,整个夏秋季无一滴水流入,如 1985 年 4 月初断流,直至 12 月初河里才见 10 天来水,整整断流 350 天(秦建明等,1999)。

额济纳河输入水量的逐年减少,使得两河(东、西河)、两海(东、西居延海)地区的地下水水位普遍下降 2~3m。1982 年,在西居延海湖底挖坑 2m 仍不见水,估计地下水水位已超过 3m。东居延海地下水水位以不足 10cm/a 的速度下降。东、西河河水的矿化度一般为 0.5~0.8g/L,由于来水量的减少,一定程度地弱化了河水对地下水的淡化作用,加之土壤水分的高强度蒸发,致使地下水的矿化度越来越高,水质越来越差(秦建明 等,1999;周爱国 等,2000)。

黑河尾闾湖,即东、西居延海相距 30km,西居延海海拔低,面积大于东居延海。据调查,1958 年西居延海水域面积为 267km^2,1960 年内蒙古地质队调查量算水域面积为 213km^2,但在 1961 年秋原有湖水全部蒸干。1958 年东居延海水域面积为 35.5km^2,此后受东河来水制约每年都有变动,到 80 年代初湖水面积仅为 23.6km^2(秦建明 等,1999)。

黑河额济纳绿洲深居内陆腹地,除沿河区和古日乃区植被分布较为集中外(Zhang et al.,2011),大部分是戈壁、低山丘陵风蚀地、沙漠和盐碱地,地下水系统以黑河水为主要补给来源(胡建华 等,2007)。东、西河漫流过程中又分出多条支流,如纳林河、聋子河和安都河等,在这些河流两岸及冲积形成的扇形三角洲上发育了现代额济纳绿洲，绿洲周边分布着大面积荒漠，包括戈壁和沙漠。

　　国家实施黑河流域综合治理工程以后，额济纳地区陆续修建了一批水利工程，包括 6 条输水干渠、大量灌溉支渠和斗渠以及众多分水枢纽。大多数干渠在原自然河道上修建，东干渠则独立于天然河道修建于戈壁之上。目前，黑河水经狼心山分水枢纽后，经东河、西河和东干渠 3 条通道向下游输水。东河和东干渠水流在进入下游前汇合，经昂茨河分水枢纽后，进入东河下游的渠道和天然河道，即图 1.1 和表 1.1 中的 C1～C9。与东河相似，西河径流同样是在天然河道和人工渠系组成的过水通道中流淌。

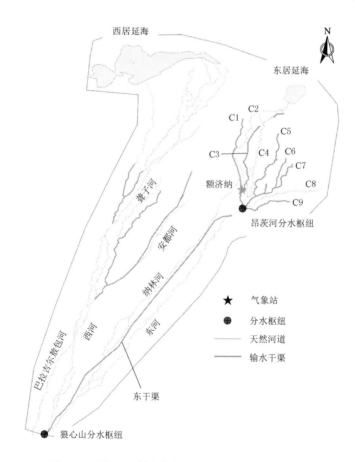

图 1.1　黑河下游渠道分布图（张一驰 等，2011）

表 1.1 东河下游地区过水通道（张一驰 等，2011）

标识	名　字	过水通道类型	混凝土衬砌
C1	铁库里干渠	人工渠道	是
C2	一道河	天然河流	
C3	二道河干渠	人工渠道	是
C4	三道河	天然河流	
C5	四道河干渠	人工渠道	是
C6	六道河干渠	人工渠道	是
C7	昂茨河干渠	人工渠道	是
C8	昂茨河	天然河流	
C9	班布尔河干渠	人工渠道	否

1.1.3 生态植被状况

额济纳地区绿洲植被以胡杨、沙枣、柽柳为主，林下草本和灌木、半灌木主要以苦豆子、芨芨草和枸杞为主；戈壁上则分布着白刺、红砂、红柳、麻黄、泡泡刺、沙拐枣、霸王等荒漠植被。沿河两岸乔木主要有胡杨、沙枣，林下灌木和草本主要有柽柳、苦豆子、芨芨草和枸杞。湖区周边主要分布着芦苇、芨芨草等。沿河道向下植物种类和数量逐渐减少。西河下段除湖岸地带有红柳生长外，其他地方几乎为单一的红砂，而且呈簇状的碎片状分布。垂直河道方向，距离河道越远，植物种类和数量越少（司建华 等，2005；朱军涛 等，2011）。

根据 2002 年额济纳旗森林资源调查资料，胡杨林面积为 2.94 万 hm^2，与 30 年前相比，胡杨林减少了 2.06 万 hm^2，柽柳林地面积由 15 万 hm^2 减少到 8.37 万 hm^2，梭梭林面积由 30 年前的 25.5 万 hm^2 减少到 18.52 万 hm^2。从林分龄组结构分析，胡杨林过熟林面积为 2.58 万 hm^2，占总面积的 87.8％。胡杨幼龄林仅有 $279hm^2$，不足总面积的 1％。这一结果表明近 30 年来不仅胡杨林面积不断缩小，而且胡杨林天然更新速度减慢，整个胡杨林处于衰退阶段。绿洲区原有的草甸、河岸林、灌丛景观及盐生植物景观已大量消失。平原区的其他植被，如沙拐枣、沙蒿、白刺等荒漠植被也大面积死亡，植被覆盖度降低了 20%～50%（司建华 等，2005；朱军涛 等，2011）。

植被种群演替上，由于地表径流急剧减少，河道干枯或迁移导致地下水水位大幅下降，中幼龄胡杨难以生存。胡杨林出现过熟或残次林的退化现象，林下植被逐渐向旱化方向演变，由于水分条件限制，逐渐被荒漠草本和灌木植被演替（图 1.2）。水生和沼泽草甸植被的芦苇、芨芨草、赖草等逐渐退化和消失。取而代之的是盐生或旱生植被盐爪爪、碱蓬、柽柳、枸杞等，进一步退化后被红砂、骆驼刺等旱生、超旱生植被代替。作为长期沙化、盐化、旱化的结果，在 2000 年分水前，该区域的植物种类减少，群落结构简单化，绿洲逐步衰退（司建华 等，2005）。

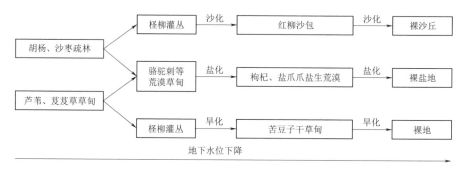

图 1.2 额济纳绿洲植物群落演替过程（司建华 等，2005）

1.2 地质构造与水文地质条件

额济纳地区在地质构造上为一构造盆地，其南侧与阿拉善台隆以断层相接触，北部、西部与基岩山体相接，东侧受巴丹吉林沙漠下部隐伏断层限制，构成了一个独立完整的地下水盆地。盆地内第四系地层发育较为齐全，是组成额济纳盆地的主体地层，而前第四纪地层主要分布于盆地外围的西部、北部及东北部的山区，在盆地内则构成盆地的基底，出露者仅见于南部的狼心山、青头山等很小的残山（武选民 等，2002）。

盆地中部北东向分布的狼心山-木吉湖隆起带将盆地分成相互连通的两个沉降区：北西侧的赛汉陶来-达来呼布沉降区、南东侧的古日乃沉降区。其中最大沉积厚度超过 300m（谢全圣，1980；武选民 等，2002；仵彦卿等，2004）。

根据含水层的水力特征，额济纳地区含水层系统包括分布于盆地周边的基岩裂隙潜水含水层和盆地内部第四系潜水及潜水-承压水含水层（武选民等，2002）。在额济纳盆地的南部是单层结构的潜水系统，向北、向东逐渐过渡为双层或多层结构的潜水-承压水系统（武选民 等，2002；张俊 等，2008）。盆地内含水层以冲积、洪积物为主，其物质成分主要为砂、砂黏土和黏土。盆地自南而北，含水层岩性颗粒渐细，地下水水位埋深渐浅，含水层的富水性由强变弱，含水层层次增多。在黑河的尾闾居延海一带，承压水水头最高可高出地面 1m 左右（钱云平 等，2006）。分布于盆地北部的第四系潜水含水层成因较为复杂，其中东、西居延海以北的含水层组成以冲积、洪积物为主，结构相对简单，而以南地区湖积和冲积、洪积物交叉堆积，含水层岩性变化复杂（武选民 等，2002）。

额济纳盆地地下水系统的补给以黑河水的垂向渗漏和相邻鼎新盆地与巴丹吉林沙漠地下水的侧向径流补给为主，而地下水的主要排泄途径为潜水蒸发、植被蒸腾及地下水开采，其中黑河水的渗漏补给约占总补给量的66%，而潜水的蒸发蒸腾占总排泄量的97%（武选民 等，2002）。由此可见，额济纳盆地地下水系统的显著特点是：黑河地表水的渗漏补给是地下水系统的主要补给来源，而潜水的蒸发蒸腾是地下水系统的主要排泄途径。自20 世纪 60 年代以来，随着中游地区对黑河来水依赖性的不断增大，从而引起黑河下游来水量逐年减少，甚至在 20 世纪 90 年代河道常年断流，进而导致浅层地下水水位持续下降，胡杨、柽柳、苦豆子等生态植被大面积枯死（张武文 等，2002；张光辉 等，2005a；钱云平 等，2006）。

额济纳盆地地下水自南向北在水平径流方向上由单一潜水含水层流向多层承压含水层。沉积盆地中间的多层含水层之间为区域性隔水层，因此存在由下而上的越流补给（武选民 等，2002；席海洋，2009）。额济纳盆地一带地下水的补给、径流以及排泄之间的相互关系如图 1.3 所示。地下

图 1.3　额济纳盆地一带地下水补给、径流、排泄相互关系图

（谢全圣，1980）

水主要受黑河水季节性的入渗补给，外围山区基岩裂隙孔隙水的补给和相邻盆地、沙漠地下水的侧向径流补给较少。额济纳盆地内巨厚的第四系松散沉积物构成了良好的储水空间，河水为盆地内地下水的形成和储藏提供了补给水源（武选民 等，2002）。地下水侧向径流的补给主要来自绿洲区东南部巴丹吉林沙漠潜水补给和黑河上中游潜流补给。巴丹吉林沙漠潜水补给量每年约 1.29 亿 m³，黑河上中游潜流补给量受当地用水状况和正义峡来水制约。该区地下水的排泄以蒸散发为主，占总排泄量的 97%，其余为人工开采。据分析，绿洲区近年来地下水处于负均衡状态（胡建华 等，2007）。

第 2 章

地表水资源时空变化特征

2.1 地表径流的时空变化特征

额济纳地区降水极少，多年平均降水量不足 40mm，当地降水无法形成地表径流。地表水主要来源于黑河经狼心山水文断面进入到额济纳的地表河水。黑河水经狼心山水文断面，分成额济纳东河、西河和东干渠流入额济纳绿洲，最终流入尾闾湖中，没有流出额济纳的地表径流。因此，额济纳生态输水以来地表水资源的变化主要是入境河水的水量变化及空间分布，以及由入境河水形成的地表水体的水量变化。

从 20 世纪 60 年代以来，随着黑河中下游工农业经济的持续发展，用水量不断增加，致使进入黑河下游额济纳地区的来水量逐年减少，甚至在 90 年代河道曾常年断流（李文鹏 等，2010）。地表水资源的减少，导致额济纳东、西河以及东、西居延海地区地下水水位普遍下降，引发了河岸带绿洲植被严重退化等一系列生态与环境问题。为了遏制黑河下游生态环境的进一步恶化，2000 年对黑河流域开始实施综合治理。同年 6 月，水利部制定了《黑河干流年度水量实时调度方案》，2000 年 8 月 21 日实现了黑河历史上第一次跨省区调水。2001 年国务院批准实施了《黑河流域近期治理规划》，2002 年水利部黄河水利委员会组建黑河流域管理局，综合治理黑河流域。干流水量实行统一调度，黑河来水流经狼心山分水后，通过东河、西河和东干渠输向下游，2002 年、2003 年黑河来水分别进入干涸 10 年和 42 年之久的东居延海和西居延海。

2.1.1　地表径流年际变化

据狼心山水文站的实测径流数据计算得到额济纳绿洲 1988—2016 年的逐年地表径流量序列，如图 2.1 所示。1988—2017 年期间，额济纳绿洲多年平均年径流量为 6.03 亿 m^3，其变幅为 2.34 亿～13.84 亿 m^3。生态输水自 2000 年开始实施，年径流量大致以 2001 年为时间节点，总体上呈先减少后增加的变化趋势（图 2.1）。

生态输水前（1988—2000 年）：平均年径流量为 6.05 亿 m^3，变幅为 2.58 亿～13.84 亿 m^3，径流量极值比约为 5.4。年径流总体上呈减小趋势，从 1988 年的 5.37 亿 m^3 减少到 2000 年的 2.88 亿 m^3。生态输水后（2001—2017 年）：平均年径流量为 6.00 亿 m^3，变幅为 2.34 亿～10.19 亿 m^3，径流量极值比为 4.35。年径流量总体上呈增加趋势，从 2001 年的 2.34 亿 m^3 增加到 2017 年的 10.19 亿 m^3。

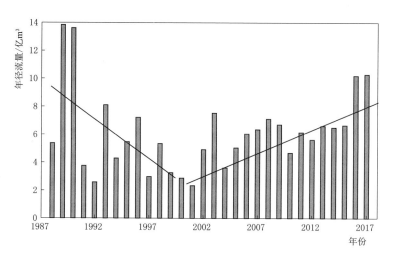

图 2.1　1988—2017 年额济纳狼心山水文站地表径流量年变化

2.1.2　地表径流年内分配与河道过水天数的变化

生态输水前后径流量的年内分配发生了很大变化，如图 2.2 所示。生态输水前，径流年内分布极为不均，过水期主要集中在 12 月至次年 3 月，其他月份为枯水期，甚至无过水期，其中 1991 年、1992 年和 1997 年，

5—11 月无上游来水。以 1996 年为例，主要过水期为 1—3 月和 8—9 月，径流量占全年的 90.9%。而生态输水后，径流年内分配相对比较均匀，除 6 月、7 月、11 月会出现无上游来水外，其他月份常有来水。以 2004 年为例，主要过水月份为 1—3 月和 7—10 月，其径流量占全年的 87.9%，只有 6 月无上游来水。

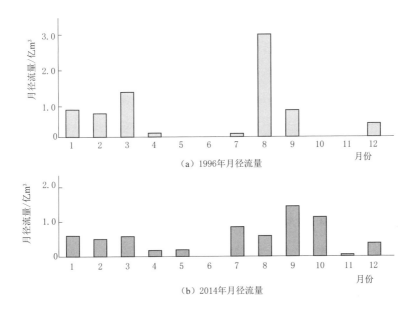

图 2.2　生态输水前后典型年份（1996 年和 2014 年）额济纳狼心山水文站月径流量变化

1988—2017 年狼心山水文站断面逐年过水总天数变化如图 2.3 所示。生态输水前，全年过水天数呈震荡型减少的趋势，由 1989 年的 308 天减少到 1999 年的 156 天。生态输水后，全年过水天数呈现明显的上升趋势，由 2000 年的 171 天增加到 2017 年的 353 天。

2.1.3　地表径流空间分配变化

黑河水在狼心山水文断面经分水闸调控后，分东河、西河和东干渠三条水道进入额济纳绿洲。三条水道水量的多少，决定着额济纳绿洲地表径流量的空间分布。1988—2017 年，流入额济纳东河、西河、东干渠的年径流量如图 2.4 所示。

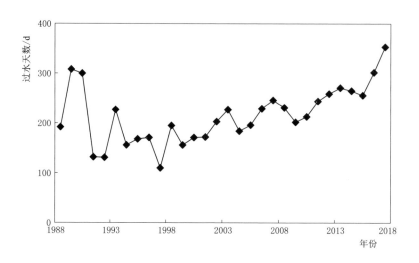

图 2.3　1988—2017 年狼心山水文站断面逐年过水总天数

东河多年平均年径流量为 4.27 亿 m³，占总径流量的 70.9%。其变化趋势与总径流量变化基本一致，生态输水实施前呈减小趋势，生态输水实施后呈增加趋势。总体上，年均径流量从 1991—2000 年的 3.33 亿 m³，增加到 2007—2016 年的 4.67 亿 m³，增加了约 40%。

西河多年平均年径流量为 1.53 亿 m³，占总径流量的 25.4%。生态输水后西河径流量比输水前有明显的增加，年际变化与额济纳绿洲总入流量的变化基本一致，生态输水前的径流量占西河总径流量呈减小趋势，生态输水后呈逐渐增加趋势。总体上，年均径流量由 1991—2000 年的 1.09 亿 m³，增加到 2000—2017 年的 2.75 亿 m³，增加了约 152%。

东干渠多年平均年径流量为 0.33 亿 m³，占总径流量的 3.7%。自 1997 年开始输水，其中 1997—2003 年为主要输水期。生态输水前，东干渠处于常年断流状态，生态输水实施后，东干渠水量维持在 0.16 亿 m³/a。

东干渠从 2005 年开始投入使用，其前身为小西河。因此，2004 年之前小西河站径流流入西河区，之后通过东干渠进入东河区。从图 2.5 可看出，东河区径流量占总径流的比例明显大于西河区，约为西河区的 3 倍。生态输水以来，2009—2014 年间西河区水量占比为历史最低期。

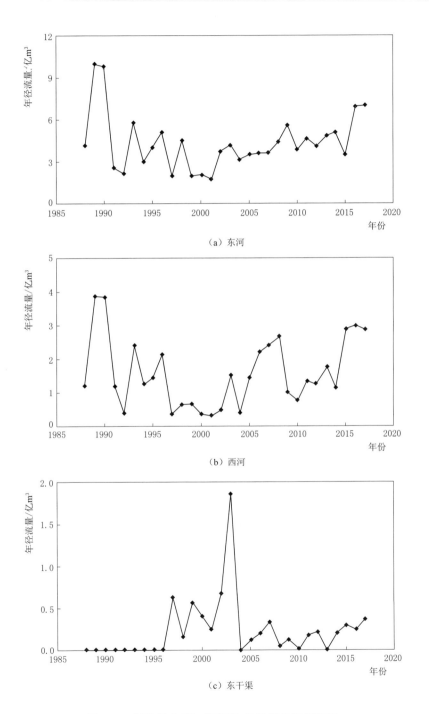

（a）东河

（b）西河

（c）东干渠

图 2.4　额济纳东河、西河和东干渠的年径流量

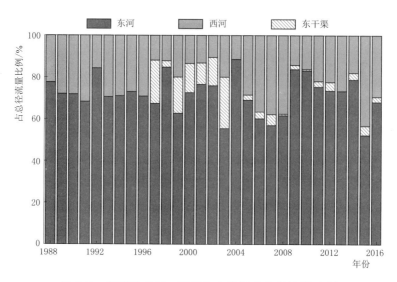

图 2.5 额济纳东河、西河和东干渠占总径流量比例

2.2 尾闾湖泊东居延海面积变化

随着生态输水工程的实施，2002 年黑河水重新注入已干涸 10 年之久的东居延海。东居延海的入湖径流量占东河径流量的多年平均比例为 12%，变幅为 2%～17%。入湖径流量占总径流量的比例为 8.9%，变幅为 1.5%～14.5%。东居延海入湖径流量占东河及总径流量的比例年变化较为一致，大致分为两个阶段：① 2003—2008 年期间变化幅度较大；② 2009—2017 年期间变化幅度减小。

东居延海湖泊水面分布范围边界变化直观地反映了湖泊恢复过程（图 2.6）。可以看到，东居延海湖泊水面刚恢复时，为西侧凸起、东侧凹进、酷似镜面反向的"D"；随着湖泊水面分布范围边界在东、南两侧的拓展，湖泊逐渐发展成南北长、东西窄的"椭圆形"；2006 年以后，湖泊边界在东、西两侧的横向发展更为突出，湖泊整体呈"凸"字形；2010 年以后，湖泊边界仅在东西向以及南向进行着微弱的外展或内缩，总体形态保持不变。

14

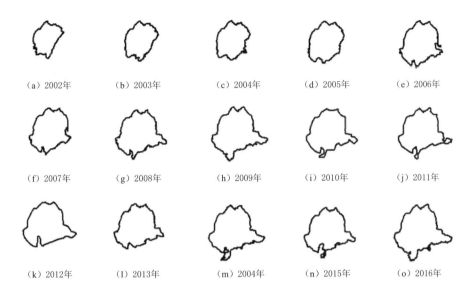

(a) 2002年　　(b) 2003年　　(c) 2004年　　(d) 2005年　　(e) 2006年

(f) 2007年　　(g) 2008年　　(h) 2009年　　(i) 2010年　　(j) 2011年

(k) 2012年　　(l) 2013年　　(m) 2004年　　(n) 2015年　　(o) 2016年

图 2.6　2002—2016 年东居延海湖泊水域范围边界变化
（李蓓 等，2017；Li et al.，2019）

随着生态输水的不断补给，东居延海湖泊面积呈整体增长趋势，至 2016 年达到 66km^2，较 2002 年（30km^2）增长了 1 倍。湖泊年均面积反映了年内湖泊面积的总体水平。2002 年 7 月东居延海开始蓄水，因此该年面积均值仅为 10km^2。依赖于上游来水的持续输入，2005 年东居延海面积水平已经达到黑河流域生态输水的恢复目标（35km^2）。随着湖泊水面的进一步扩张，2010 年以后湖泊年均面积维持在 47km^2 以上，其中 2016 年年均湖泊面积为 53km^2，相比湖泊开始恢复年份已有了显著的提升。可以看到，生态输水实施以来，东居延海得到了较好的恢复与保护。

湖泊恢复进程可分为三个阶段（以湖泊年最大面积为例）（图 2.7）：①湖泊面积恢复。2002 年生态输水开始进入东居延海，湖泊从无到有，湖泊面积恢复至 30km^2。②湖泊面积迅速扩张。2002—2009 年湖泊面积以 3.7km^2/a 的速度不断增大；其中 2004 年、2006 年以及 2009 年湖泊面积增幅超过 10km^2。至 2004 年湖泊面积已扩张至 44km^2，远超过 1958 年航测水平；2006 年湖泊面积突破 50km^2；2009 年湖泊面积达到历年最大值（60km^2），相比湖泊恢复初期（2002 年），湖泊面积扩大了近 1 倍。③湖泊面积缓慢增加。2010 年以后，湖泊面积增速减缓，为 1.34km²/a，湖泊面积维持在 58km² 左右。2013 年湖泊面积略有回落，比 2012 年减少了 1/10 左右，2010 年以后湖泊面积年际变幅的平均值为 3.3km²。

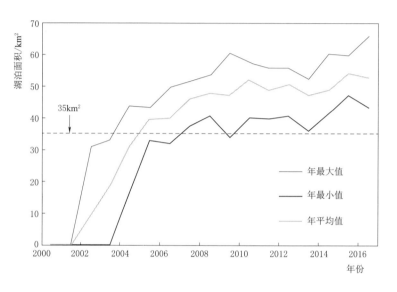

图 2.7 2000—2016 年东居延海湖泊面积逐年变化

东居延海恢复初期仍为季节性蓄水湖泊，如 2003 年湖泊短暂干涸（年最小湖泊面积为 0）。2004 年以后东居延海常年有水，年内湖泊面积的变幅为 5～25km²，其中 2010—2016 年的年内湖泊面积的平均变幅（14km²）较 2009 年以前的年内湖泊面积的平均变幅（17km²）减小了约 1/5。湖泊常年蓄水以来年内湖泊范围变化最小的是 2005 年、2008 年和 2015 年，而 2004 年、2006 年和 2009 年湖泊的年内变化最为显著。总体而言，2005 年以后，东居延海湖泊面积年内均值大于 39km²，完全满足维持东居延海水域面积 35km² 的生态输水目标。

第 3 章

水化学特征及地下水循环模式

3.1 野外采样及室内分析

为了系统分析额济纳盆地地下水系统补给来源及其循环特征，2009 年 6—9 月期间在黑河流域共采集 3 组大气降水和 24 组地表水水样，包括 6 组河水和 18 组湖水水样。此外，在额济纳三角洲、巴丹吉林沙漠边缘（古日乃和拐子湖地区）共采集地下水水样 64 组（图 3.1）。

大气降水水样是由中国科学院寒区旱区环境与工程研究所的工作人员在黑河上游祁连山大野口马莲滩草地站进行人工采集的。地表水采样在自然水流状态下进行，选取代表黑河上中下游的 4 处采样点［图 3.1（a）］。此外，在东居延海和天鹅湖湖心从水面 20cm 以下采集湖水水样。为了保证在含水层中采集代表性样品，从抽水井中取样之前开动水泵，并使新鲜水达到停滞水的 3 倍以上体积之后再取样。大部分地下水的水样从小于 20m 深的民用井、20～100m 深的灌溉机井以及大于 100m 深的工业水井中采集。根据张光辉等（2005a、2005b）的研究成果，并结合研究区的水文地质条件，特别是含水层系统结构，以及地表水/地下水交换对浅层地下水系统的影响，将所采集的地下水水样有条件地划分为 3 组：超浅层地下水（＜20m，潜水含水层）、浅层地下水（20～100m，潜水含水层）、深层地下水（＞100m，承压含水层）以及泉水（承压含水层）。

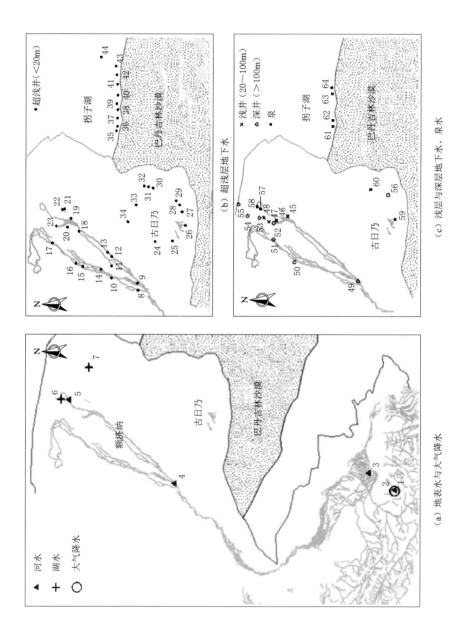

（a）地表水与大气降水

（b）超浅层地下水

（c）浅层与深层地下水、泉水

图 3.1 水样采样点分布图

在中国科学院地理科学与资源研究所理化分析中心进行采集水样的水化学简分析。分别利用电感耦合等离子体质谱仪（ICP-MS）和电感耦合等离子体光谱仪（ICP-OES）予以测定阴阳离子，碳酸根及重碳酸根则通过滴定法（0.01N H_2SO_4）予以分析。对于所分析的水样，要求其测试误差不大于 5%，并通过阴阳离子平衡计算予以验证。总溶解固体（TDS）为主要离子质量浓度的总和。氢氧稳定同位素基于中国科学院地理科学与资源研究所同位素分析实验室的同位素质谱仪 Finnigan MAT253 测定（TC/EA 法分析）。自然水体中稳定同位素 $R = {}^2H/{}^1H$ 或 ${}^{18}O/{}^{16}O$ 值很小，因此，同位素组成则用相对于国际标准平均海水（Vienna Standard Mean Ocean Water，VSMOW）的标准偏差 δ 表示（单位为‰），即样品中同位素比值（$R_{sample} = {}^2H/{}^1H$ 或 ${}^{18}O/{}^{16}O$）相对于 VSMOW 中相应比值（R_{VSMOW}）的标准偏差（Gonfiantini，1978）。此外，在野外通过 HI98188 型 HANNA 便携式防水 EC/电阻率/TDS/盐度测定仪以及 CyberScan PC300 手提 pH/EC 测定仪对水样进行 pH 值、电导率（electrical conductivity，EC）、电阻率、总溶解固体（total dissolved solids，TDS）、盐度和温度测定。

3.2 地下水水化学成分特征

3.2.1 地下水水化学与同位素组成特征

所分析水样的水化学及同位素测试结果见表 3.1。从该表可以看出，研究区的地表及地下水的 pH 值在 7.01~9.29 范围内变动，呈碱性，其中 pH 值的大小顺序依次为：湖水（>9）>河水（8~9）>地下水（7~8）。水体中 pH 值偏高主要由研究区极端干旱的气候条件所决定。黑河河水总溶解固体（TDS）值较低（358~546mg/L），盐度较小（0.8%~1.4%），并且其 TDS 值和盐度随河水流动而不断增加，这表明水面蒸发对天然河流水化学成分演变的直接影响。在强烈的蒸发浓缩作用下，东居延海、天

表 3.1　降水、地表水与地下水主要离子含量与同位素组成（2009 年）

地点		编号	日期（月-日）	井深/m	水温/℃	pH值	电导率/(μs/cm)	盐度/%	总溶解固体/(mg/L)	Cl^-/(mg/L)	SO_4^{2-}/(mg/L)	HCO_3^-/(mg/L)	CO_3^{2-}/(mg/L)	Na^+/(mg/L)	K^+/(mg/L)	Mg^{2+}/(mg/L)	Ca^{2+}/(mg/L)	水化学类型	δ^2H/‰	$\delta^{18}O$/‰
降水	黑河	1	08-12																-11.83	-1.29
	黑河	1	08-15																18.52	-0.44
	黑河	1	09-14																-88.13	-13.26
河水	黑河	2	06-01		8.0	8.46	406	0.8	358	53.88	56.04	155.18		15.02	3.38	20.24	53.88	$Ca-Mg-HCO_3-Cl-SO_4$	-58.59	-10.37
	黑河	3	06-01		14.0	8.45	545	1.0	459	63.45	84.96	193.25		21.22	3.51	29.52	63.45	$Ca-Mg-HCO_3-Cl-SO_4$	-45.54	-7.59
	黑河	4	07-21		30.0	8.13	732	1.4	546	149.73	15.66	215.03	4.50	66.06	7.71	44.05	42.93	$Mg-Na-Ca-Cl-HCO_3$	-38.27	-4.37
	黑河	5	09-10																-34.68	-4.36
	黑河	5	10-01																-41.16	-5.32
	黑河	5	11-01																-21.52	-2.24
湖水	东居延海	6	06-03		19.2	9.44	6240	10.7	4574	1231.85	1845.26	199.10	27.25	948.00	59.03	398.10	91.58	$Na-Mg-SO_4-Cl$	2.72	2.59
	东居延海	6	06-10																3.15	2.56
	东居延海	6	06-20																13.13	6.68
	东居延海	6	07-01			9.28	7470	14.2	5603	2402.65	1241.44	118.95	33.75	1181.00	68.69	463.30	92.87	$Na-Mg-Cl-SO_4$	18.40	5.17

续表

地点	编号	日期(月-日)	井深/m	水温/℃	pH值	电导率/(μs/cm)	盐度/%	总溶解固体/(mg/L)	Cl⁻/(mg/L)	SO₄²⁻/(mg/L)	HCO₃⁻/(mg/L)	CO₃²⁻/(mg/L)	Na⁺/(mg/L)	K⁺/(mg/L)	Mg²⁺/(mg/L)	Ca²⁺/(mg/L)	水化学类型	δ²H/‰	δ¹⁸O/‰
东居延海	6	07-10																17.67	5.31
东居延海	6	07-20																25.49	6.13
东居延海	6	08-01																25.13	6.03
东居延海	6	08-10																30.49	7.98
东居延海	6	08-20																23.56	6.88
东居延海	6	09-01			9.24	9527	18.1	7380	1712.98	3252.48	164.70	24.75	1614.00	91.06	610.40	99.13	Na-Mg-SO₄-Cl	32.16	8.50
东居延海	6	09-10																30.73	12.74
东居延海	6	09-20																−25.91	−3.57
东居延海	6	10-01																−15.27	2.76
东居延海	6	10-10																−13.87	3.32
东居延海	6	11-01																−25.92	−1.29
东居延海	6	12-01																−24.79	−1.69
天鹅湖	7	08-31		21.4														41.66	12.49

湖水

续表

地点	编号	日期(月-日)	井深/m	水温/℃	pH值	电导率/(μs/cm)	盐度/%	总溶解固体/(mg/L)	Cl⁻/(mg/L)	SO₄²⁻/(mg/L)	HCO₃⁻/CO₃²⁻/(mg/L)	Na⁺/(mg/L)	K⁺/(mg/L)	Mg²⁺/(mg/L)	Ca²⁺/(mg/L)	水化学类型	δ^2H/‰	$\delta^{18}O$/‰
额济纳三角洲	8	07-27	10.00	13.5	7.62	908	1.7	767	222.74	69.50	269.93	88.68	5.76	54.85	55.31	Mg-Na-Ca-Cl-HCO₃	-47.28	-6.94
额济纳三角洲	9	07-27		15.8	7.51	1065	2.0	849	242.35	89.90	274.50	103.90	5.84	60.18	72.47	Mg-Na-Ca-Cl-HCO₃	-47.13	-6.59
额济纳三角洲	10	07-27	10	16.5	7.65	1052	2.0	854	254.35	77.33	279.08	114.10	6.15	62.25	60.52	Mg-Na-Ca-Cl-HCO₃	-40.28	-6.17
额济纳三角洲	11	07-27	10	15.2	7.58	1138	2.1	710	256.79	113.80	233.33	194.10	15.32	38.77	26.55	Na-Mg-Cl-HCO₃	-51.29	-7.13
额济纳三角洲	12	07-27	10	17.0	7.57	974.5	1.8	815	238.49	78.10	265.35	120.60	6.23	53.86	52.13	Mg-Na-Ca-Cl-HCO₃	-41.25	-6.23
额济纳三角洲	13	08-29	2.91	19.0	7.49	1699	3.2	1000	174.20	456.40	269.925	186.80	8.11	72.22	83.62	Na-Mg-Ca-SO₄-Cl-HCO₃	-49.64	-6.66
额济纳三角洲	14	08-29	2.38	18.6	7.45	1442	2.7	817	125.81	411.70	219.6	132.50	14.37	67.44	62.28	Na-Mg-Ca-SO₄-HCO₃	-42.27	-5.48
额济纳三角洲	15	08-29	2.76	19.6	7.70	1632	3.1	973	193.56	427.30	205.875	249.30	12.22	54.42	36.43	Na-Mg-SO₄-Cl	-42.33	-5.59
额济纳三角洲	16	08-29	15-20	17.1	7.39	1771	3.4	946	145.17	440.90	292.8	245.90	7.14	50.70	55.95	Na-Mg-SO₄-HCO₃-Cl	-68.77	-5.43

超浅层地下水(井深<20m)

22

续表

地点	编号	日期(月-日)	井深/m	水温/℃	pH值	电导率/(μs/cm)	盐度/%	总溶解固体/(mg/L)	Cl⁻/(mg/L)	SO₄²⁻/(mg/L)	HCO₃⁻/(mg/L)	CO₃²⁻/(mg/L)	Na⁺/(mg/L)	K⁺/(mg/L)	Mg²⁺/(mg/L)	Ca²⁺/(mg/L)	水化学类型	δ^2H/‰	$\delta^{18}O$/‰
额济纳三角洲	17	08-27	<15	16.8	7.47	774	1.5	664	80.65	320.70	201.3		108.80	8.90	51.97	65.96	Na-Mg-Ca-SO₄-HCO₃	-42.88	-6.08
额济纳三角洲	18	08-29	15~20	14.9	8.74	612	1.2	485	87.10	214.10	150.975	6.75	127.70	7.11	30.41	18.55	Na-Mg-SO₄-HCO₃-Cl	-43.51	-3.22
额济纳三角洲	19	07-26	20	14.4	7.46	6434	12.1	5833	2155.15	833.46	1120.88		977.70	18.01	483.30	244.50	Na-Mg-Cl	-41.70	-6.63
额济纳三角洲	20	08-27	4.20	15.8	7.40	2956	5.6	1951	145.17	1158.00	146.4		404.00	15.95	104.60	123.70	Na-Mg-SO₄	-53.88	-6.54
额济纳三角洲	21	08-31	<10	15.3	7.59	3497	6.6	2245	396.79	1125.00	457.5		421.30	5.81	230.70	65.80	Mg-Na-SO₄-Cl	-42.58	-4.78
额济纳三角洲	22	08-31	5	16.6	7.52	7592	14.4	5708	1138.76	2760.00	173.85		1376.00	106.30	194.60	132.30	Na-SO₄-Cl	-32.86	-1.69
额济纳三角洲	23	07-25	7	15.0	7.59	4395	8.3	3487	1214.58	606.97	512.40		652.10	62.27	270.10	168.80	Na-Mg-Cl-SO₄	-40.91	-5.96
古日乃	24	07-21	2.30	17.0	7.44	1219	2.3	707	238.60	163.12	237.90		218.40	8.71	22.97	40.19	Na-Cl-HCO₃-SO₄	-74.36	-9.01
古日乃	25	07-21	3.15	17.5	7.67	2174	4.2	1153	355.64	217.41	530.70		530.40	23.03	8.82	17.56	Na-Cl-HCO₃	-52.50	-2.48
古日乃	26	07-21	2.45	14.0	7.65	904.2	1.7	476	145.02	95.30	192.15		167.90	10.07	16.83	23.57	Na-Cl-HCO₃-SO₄	-41.04	-0.83

超浅层地下水(井深<20m)

续表

地点	编号	日期(月-日)	井深/m	水温/℃	pH值	电导率/(μS/cm)	盐度/%	总溶解固体/(mg/L)	Cl⁻/(mg/L)	SO₄²⁻/(mg/L)	HCO₃⁻/(mg/L)	CO₃²⁻/(mg/L)	Na⁺/(mg/L)	K⁺/(mg/L)	Mg²⁺/(mg/L)	Ca²⁺/(mg/L)	水化学类型	δ^2H/‰	$\delta^{18}O$/‰
古日乃	27	07-21	4.60	17.6	7.66	892.9	1.7	432	74.58	134.56	256.20	4.50	181.80	10.50	11.15	19.51	$Na-HCO_3-SO_4-Cl$	-47.06	-1.30
古日乃	28	07-21	2.32	12.5	7.75	721.4	1.3	365	122.04	62.14	169.28		150.20	7.87	8.76	12.37	$Na-Cl-HCO_3$	-54.01	-2.90
古日乃	29	07-21	2.30	15.8	7.58	1284	2.4	686	157.10	225.12	269.93		225.00	14.24	30.01	34.14	$Na-SO_4-Cl-HCO_3$	-51.60	0.68
古日乃	30	07-20	9.00	15.0	7.67	1315	2.5	753	221.06	232.49	219.60		222.40	17.00	33.48	26.87	$Na-Cl-SO_4-HCO_3$	-40.11	2.49
古日乃	31	07-20	3.10	15.0	7.43	2108	4.0	1261	319.81	417.05	210.45		394.80	56.86	29.46	42.55	$Na-Cl-SO_4$	-36.73	0.39
古日乃	32	07-20	2.70	18.0	7.38	2347	4.4	1399	288.70	466.33	603.90		453.00	41.47	66.52	82.63	$Na-HCO_3-SO_4-Cl$	-40.98	-0.14
古日乃	33	07-20	1.80	18.5	7.55	4315	8.2	2662	496.39	1140.58	411.75		830.00	32.66	75.09	87.28	$Na-SO_4-Cl$	-55.81	-6.16
古日乃	34	07-20	2.00	17.5	7.50	3732	7.1	2590	986.22	591.87	324.83		641.00	25.71	115.00	126.60	$Na-Mg-Cl-SO_4$	-71.38	-8.56
拐子湖	35	08-25	2.25	15.5	7.65	802.3	1.5	409	106.46	132.70	137.25		138.50	6.21	9.44	15.33	$Na-Cl-SO_4-HCO_3$	-50.15	-1.93
拐子湖	36	08-25	3.00	19.2	7.06	1006	1.9	530	170.98	143.50	150.975		136.60	13.48	22.69	30.77	$Na-Cl-SO_4-HCO_3$	-45.96	-1.26
拐子湖	37	08-25	<5	12.6	7.83	800	1.5	417	135.49	121.30	91.5		102.00	13.59	19.63	20.91	$Na-Mg-Cl-SO_4$	-48.75	-1.65

超浅层地下水(井深<20m)

续表

地点	编号	日期(月-日)	井深/m	水温/℃	pH值	电导率/(μS/cm)	盐度/‰	总溶解固体/(mg/L)	Cl⁻/(mg/L)	SO₄²⁻/(mg/L)	HCO₃⁻/(mg/L)	CO₃²⁻/(mg/L)	Na⁺/(mg/L)	K⁺/(mg/L)	Mg²⁺/(mg/L)	Ca²⁺/(mg/L)	水化学类型	δ²H/‰	δ¹⁸O/‰
超浅层地下水(井深<20m) 拐子湖	38	08-25	4.05	18.6	7.17	1061	2.0	564	164.52	155.40	137.25		114.70	18.65	27.67	44.90	$Na-Mg-Ca-Cl-SO_4-HCO_3$	−45.47	−1.61
拐子湖	39	08-25	3.48	12.7	7.71	1104	2.1	571	196.78	134.80	123.525		164.70	10.71	20.52	30.65	$Na-Cl-SO_4$	−51.98	−2.13
拐子湖	40	08-25	3.00	19.0	7.20	1065	2.0	514	161.30	143.90	128.1		153.90	11.53	17.43	26.21	$Na-Mg-SO_4-HCO_3$	−49.90	−0.33
拐子湖	41	08-25	3.70	16.1	7.38	2038	3.9	1072	277.43	254.75	420.9		276.00	22.58	59.73	77.23	$Na-Mg-Cl-HCO_3-SO_4$	−58.50	−3.35
拐子湖	42	08-25	2.40	16.4	7.92	2120	4.0	1173	477.44	220.40	347.7		388.20	17.13	24.40	44.92	$Na-Cl-HCO_3-SO_4$	−65.95	−5.17
拐子湖	43	08-25	2.30	20.1	7.37	3356	6.4	1934	625.83	564.10	228.75		570.90	20.32	38.00	115.20	$Na-Cl-SO_4$	−61.51	−4.34
拐子湖	44	08-25	<5	17.4	7.30	5197	9.8	3237	1009.72	1097.39	114.375		795.60	17.99	100.50	216.10	$Na-Ca-Cl-SO_4$	−73.64	−8.17
浅层地下水(井深为20~100m) 额济纳三角洲	45	08-31	40~50	16.7	7.23	4354	8.3	3082	512.93	1574.00	498.675		567.80	11.86	265.80	149.40	$Na-Mg-SO_4-Cl$	−44.52	−2.41
额济纳三角洲	46	08-28	40~50	11.5	7.30	3274	6.2	2096	493.57	891.63	388.875		463.80	8.02	165.00	74.32	$Na-Mg-SO_4-Cl$	−42.20	−4.90
额济纳三角洲	47	07-25	80	12.0	7.65	3968	7.5	2945	1091.44	745.32	192.15		510.00	16.36	224.60	165.10	$Na-Mg-Cl-SO_4$	−47.88	−6.15
额济纳三角洲	48	07-25	80	14.3	7.71	3653	6.9	2836	927.86	492.21	521.55		521.20	17.25	226.90	128.90	$Na-Mg-Cl-SO_4$	−46.42	−6.37

续表

地点	编号	日期/（月-日）	井深/m	水温/℃	pH值	电导率/(μS/cm)	盐度/%	总溶解固体/(mg/L)	Cl⁻/(mg/L)	SO₄²⁻/(mg/L)	HCO₃⁻/(mg/L)	CO₃²⁻/(mg/L)	Na⁺/(mg/L)	K⁺/(mg/L)	Mg²⁺/(mg/L)	Ca²⁺/(mg/L)	水化学类型	δ^2H/‰	$\delta^{18}O$/‰
深层地下水（井深>100m）																			
额济纳三角洲	49	07-27	130	13.0	7.58	894.6	1.7	737	214.05	59.20	256.20		84.27	6.46	59.15	57.66	$Mg-Na-Ca-Cl-HCO_3$	−46.64	−7.72
额济纳三角洲	50	08-29	>100	19.6	8.77	1298	2.5	629	170.98	205.76	91.5	11.25	205.10	7.19	27.45	12.43	$Na-Cl-SO_4$	−71.82	−9.20
额济纳三角洲	51	08-27	180	15.0	8.30	1089	2.1	546	119.36	197.10	187.575		210.70	1.30	7.99	9.81	$Na-SO_4-Cl-HCO_3$	−57.09	−7.80
额济纳三角洲	52	07-25	140	12.5	7.99	915.5	1.7	537	172.44	106.00	205.88		152.50	2.14	25.54	32.52	$Na-Mg-Cl-HCO_3-SO_4$	−51.56	−8.06
额济纳三角洲	53	08-27	>100	14.0	9.29	2732	5.2	1479	409.70	485.62	114.375	24.75	557.70	8.85	12.30	4.88	$Na-Cl-SO_4$	−60.07	−7.83
额济纳三角洲	54	08-27	>100	22.6	7.29	1714	3.3	1014	225.82	431.12	109.8		242.30	1.00	20.37	93.68	$Na-Ca-SO_4-Cl$	−86.84	−9.64
额济纳三角洲	55	08-27	>100	15.0	7.39	1862	3.5	1162	225.82	538.90	109.8		241.20	1.24	29.65	125.40	$Na-Ca-SO_4-Cl$	−84.04	−5.70
古日乃	56	08-20	144	19.0	7.76	882.1	1.7	462	124.58	128.43	155.55	4.50	173.40	13.77	11.75	10.50	$Na-Cl-SO_4-HCO_3$	−57.00	−3.61
泉水																			
额济纳三角洲	57	09-01																−57.11	−8.47
额济纳三角洲	57	10-01																−57.37	−4.63
额济纳三角洲	58	06-03																−52.97	−7.09

地点	编号	日期（月-日）	井深/m	水温/℃	pH值	电导率/(μs/cm)	盐度/%	总溶解固体/(mg/L)	Cl^-/(mg/L)	SO_4^{2-}/(mg/L)	HCO_3^-/(mg/L)	CO_3^{2-}/(mg/L)	Na^+/(mg/L)	K^+/(mg/L)	Mg^{2+}/(mg/L)	Ca^{2+}/(mg/L)	水化学类型	δ^2H/‰	$\delta^{18}O$/‰
额济纳三角洲	58	07-01			8.28	2679	5.1	1705	581.60	486.77	128.10		479.20	2.49	27.81	127.40	$Na-Ca-Cl-SO_4$	-76.18	-9.75
额济纳三角洲	58	08-01																-81.69	-9.53
额济纳三角洲	58	09-01			7.55	2451	4.7	1555	425.83	558.49	109.80		434.00	1.57	24.54	110.40	$Na-Ca-Cl-SO_4$	-85.50	-8.88
额济纳三角洲	58	10-01																-80.16	-9.60
额济纳三角洲	58	11-01																-83.08	-9.95
额济纳三角洲	58	12-01																-83.95	-9.50
古日乃	59	07-21		13.7	7.54	625.2	1.2	301	77.82	58.01	192.15		117.50	8.04	9.30	17.52	$Na-HCO_3-Cl$	-43.56	-1.28
古日乃	60	07-21		15.8	7.59	622.16	1.2	296	87.43	56.92	164.70		134.50	5.44	5.36	6.54	$Na-HCO_3-Cl$	-47.92	1.90
拐子湖	61	08-25		12.9	7.10	830	1.6	423	135.49	119.80	100.65		105.50	14.25	20.28	20.96	$Na-Mg-Cl-SO_4-HCO_3$	-44.65	-1.28
拐子湖	62	08-25		14.3	7.51	887.6	1.6	393	116.13	121.30	91.5		99.59	12.28	19.68	20.38	$Na-Mg-Cl-SO_4-HCO_3$	-46.21	-1.62
拐子湖	63	08-25		12.7	7.47	1395	2.6	736	245.17	208.40	118.95		195.70	7.64	22.64	52.28	$Na-Cl-SO_4$	-71.89	-1.87
拐子湖	64	08-25		11.7	7.01	1152	2.2	580	38.71	304.64	183		164.60	8.20	20.79	43.24	$Na-SO_4-HCO_3$	-73.30	-5.51

泉水

鹅湖等处湖水，其盐度均高于河水及地下水，其中东居延海湖水盐度高达18.1‰。与此同时，湖水中的 TDS 值变化范围为 4.5～7.4g/L，其阳离子以 Na–Mg 型水为主（表 3.1）。根据对地表水与地下水的水化学野外测定结果，地下水的水温变化范围为 11.5℃（46 号采样点）～22.6℃（54号采样点）。超浅层地下水的平均水温（16.4℃）高于浅层地下水（13.6℃）和泉水（13.5℃）的平均水温。地下水的 TDS 值变化范围极大，为 365mg/L（28 号采样点）～5833mg/L（19 号采样点），表明地下水水质存在显著的空间变异性。地下水电导率的变化范围为 612μs/cm（18 号采样点）～7592μs/cm（22 号采样点）。在赛汉陶来–达莱呼布沉积中心一带浅层地下水的电导率平均值达 5000μs/cm（2956～7592μs/cm），超过其他地区的电导率值。Feng 等（2004）研究表明，这一区域下覆承压水通过越流补给上部浅层地下水，并在混合作用下影响其水化学性质。

图 3.2 给出了研究区地表水和地下水的 $\delta^2 H$ 和 $\delta^{18} O$ 的关系。大气降水和河水的 $\delta^2 H$、$\delta^{18} O$ 分别为 −88.1‰～+18.5‰（$\delta^2 H$）和 −13.3‰～−0.4‰（$\delta^{18} O$）。受到蒸发的影响，湖水的同位素含量明显重于降水和河水，其 $\delta^2 H$ 和 $\delta^{18} O$ 分别为 −26.9‰～+41.7‰和 −3.6‰～+12.5‰。地下水的 $\delta^2 H$ 为 −86.8‰～−32.9‰，$\delta^{18} O$ 的值为 −10.2‰～2.5‰，可见，受到含水层特性和地理位置的影响，地下水 $^2 H$ 和 $^{18} O$ 同位素的组成相对富集。在额济纳三角洲，除泉水的同位素含量更为贫化之外，超浅层地下水、浅层地下水和深层地下水的同位素组成较为相近（图 3.2）。此外，古日乃和拐子湖的地下水同位素组成与额济纳三角洲的同位素组成不同。分布在巴丹吉林沙漠西部和北部前缘地带的古日乃和拐子湖的浅层地下水的 $\delta^2 H$ 值变化很大，为 −74.4‰～−36.7‰。

3.2.2　氢氧同位素组成及其地下水补给源

稳定同位素（$\delta^2 H$ 和 $\delta^{18} O$）可以为确定地下水的补给源提供有效的信息。利用黑河中游张掖地区的大气降水线（从全球降水同位素观测网络获得）分析研究区的同位素特征。从图 3.2 可见，大气降水和河水的 $\delta^2 H$ 和

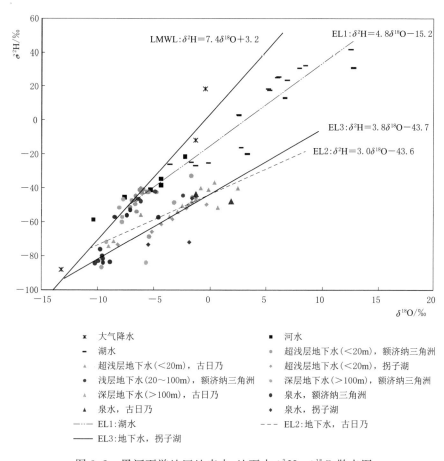

图 3.2 黑河下游地区地表水-地下水 $\delta^2 H$-$\delta^{18} O$ 散点图

$\delta^{18} O$ 均落在大气降水线上（$\delta^2 H = 7.4\delta^{18} O + 3.2$）（Gates et al.，2008；IEAI/WMO，2007），表明河水来自大气降水。湖水的同位素组成可以用方程 $\delta^2 H = 4.8\delta^{18} O - 15.2$（$R^2 = 0.83$）来表示。氢氧同位素的湖水线与大气降水线相交，相交点的氢氧同位素值为：$\delta^2 H = -49‰$，$\delta^{18} O = -7‰$（图 3.2）。研究区东居延海湖水的回归线可以被视为该地区蒸发线。受到蒸发的影响，湖水的同位素含量显著高于地下水，这也表现在其盐度也高于地下水中的盐度。此外，受到夏季强烈蒸发的影响，东居延海的湖水同位素含量在6—9月更为富集，9月以后，黑河地表来水到达东居延海，使湖水的同位素含量贫化（图 3.3）。

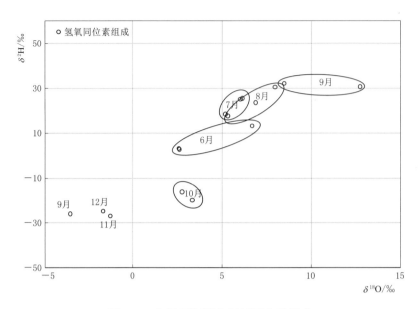

图 3.3 东居延海湖水氢氧同位素组成

几乎所有的地下水同位素组成均位于降水线下方（图 3.2），表明地下水的 δ^2H 和 $\delta^{18}O$ 含量相对富集。额济纳三角洲的地下水同位素组分变幅较小，δ^2H 为 $-60‰ \sim -40‰$，同时，$\delta^{18}O$ 为 $-8‰ \sim -5‰$，表明地下水来自同一补给高程。大部分地下水的同位素组成均落在当地大气降水线之下，表明其大气降水来源（图 3.2）。然而，居延海附近的自流井泉水（57 号和 58 号采样点）和居延海北部的深层地下水（54 号和 55 号采样点）的 $\delta^{18}O$（$-11‰ \sim -8‰$）和 δ^2H（$-86‰ \sim -76‰$）极其贫化。这表明，深层含水层的地下水是老水，或者是老水与现代水的混合。Su 等（2009）采用 ^{14}C 定年法测定该地区深层地下水的年龄约为 $4000 \sim 9500$ 年，亦表明深层地下水是老水。但古日乃和拐子湖的地下水同位素组成却不同于额济纳地区。如图 3.2 所示，古日乃地区的地下水 ^{18}O 更富集（$-7.1‰ \sim +2.5‰$），其蒸发线斜率为 3.0，并与当地大气降水线交与 $-10.5‰$ $\delta^{18}O$。拐子湖地区的地下水蒸发线斜率为 3.8，并与当地大气降水线交与 $-13‰$ $\delta^{18}O$。在 $3.0 \sim 4.0$ 范围之内变化的当地地下水蒸发线，表明该地区地下水在补给过程中经历了强烈的蒸发（Gates et al.，2008）。

巴丹吉林沙漠的地下水同位素组成与巴丹吉林沙漠边缘地带（古日乃与拐子湖地区）的同位素组成较为一致（图 3.2）。Chen 等（2006）认为，古日乃和巴丹吉林沙漠地下水具有同一补给源，并通过遥感手段探测到从巴丹吉林沙漠通向古日乃地区的古河道。因此，巴丹吉林沙漠前缘地带可能是沙漠地下水的排泄区，正如 Gates 等（2008）所指出，巴丹吉林沙漠地下水通过断层仍对额济纳盆地持续不断地予以补给（Chen et al.，2006）。此外，古日乃、拐子湖地区地下水的 $\delta^{18}O$、δ^2H 同位素组成与额济纳地区承压水的 $\delta^{18}O$、δ^2H 组成一致，几乎落在同一蒸发线上，表明其具有同一补给源。已有研究同样表明，巴丹吉林沙漠地下水是来自晚更新世或全新世湿润时期的老水补给（Edmunds et al.，2003；Edmunds et al.，2006；Ma et al.，2006；Scanlon et al.，2006；Yang et al.，2003），而额济纳三角洲的承压水也是在晚更新世或全新世湿冷时期所形成（Chen et al.，2006；Su et al.，2009；Zhu et al.，2008）。

3.2.3　地下水水化学成分组成与地下水补给机制

地下水化学特征及其变化规律，是受气候、水文、地貌、岩性等综合因素的影响。不同地区引起地下水矿化的因素不同，受地下水补给、径流、排泄条件的制约，水化学特征亦有不同（谢全圣，1980）。Piper 图以六种阴阳离子（HCO_3^-、SO_4^{2-}、Cl^-、Ca^{2+}、Mg^{2+}、Na^+）为基础来分析水的化学类型。两三角形分别表示阴、阳离子毫克当量的百分数，两三角形中点的延线在菱形中的交点即表示地下水的化学特征（Piper，1944）。通过 Piper 图解法可以给出研究区不同水体的水化学特征类型（Faure，1998；Subrahmanyam，et al.，2001）。由研究区地表水与地下水 Piper 图可以看出（图 3.4 和图 3.5），整个研究区地表-地下水水样分布在菱形图第 4 区，其水化学特征为强酸＞弱酸。河水的水化学类型为 $HCO_3-Cl-SO_4$，其中 HCO_3^- 的比重为阴离子总数的 55%，Cl^- 和 SO_4^{2-} 的比重均为阴离子总数的 $20\%\sim25\%$。湖水的主要特征为强酸＞弱酸，阳离子含量的大小顺序为 $Na^++K^+>Mg^{2+}>Ca^{2+}$（图 3.4）。在强烈的蒸发浓缩作用下，东居延海湖水在不断向盐化的方向演化，形成 Cl-

$SO_4 - Na - Mg$ 型高 TDS 咸水。

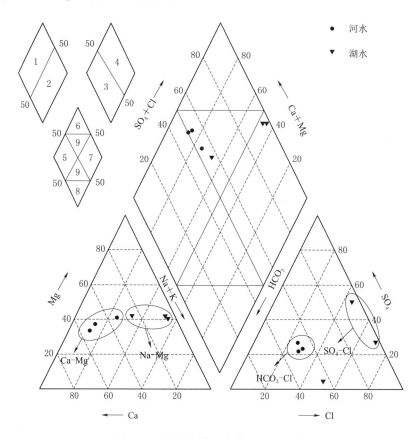

图 3.4 黑河流域地表水 Piper 图解

注：1 区为碱土＞碱；2 区为碱＞碱土；3 区为弱酸＞强酸；4 区为强酸＞弱酸；

5 区为碳酸盐硬度＞50％（含 $HCO_3 - Ca$ 型，$HCO_3 - Ca$、Mg 型）；

6 区为非碳酸盐硬度＞50％；7 区为非碳酸盐碱＞50％；8 区为碳酸盐碱＞50％；

9 区为无一对阴阳离子＞50％（含 $HCO_3 - Ca$ 型）（Piper，1944）

研究区地下水主要离子成分随着总 TDS 的变化也发生相应的变化，但总的来说，其地下水样点基本上都处于 Piper 图第 4 区（图 3.5）。从阴、阳离子三角图中可以看出，浅层地下水根据其水化学特征可以划分为两类。第一类分布在巴丹吉林沙漠边缘地带（古日乃和拐子湖地区），其水化学类型为 Na 型，其中 Na^+ 占阳离子总比重大于 60％。这一类型的地下水与巴丹吉林沙漠地下水具有密切的关系 ［图 3.5（a）］，无论是 TDS 值还是主要离子含量都比较接近，表明沙漠地下水对其周边地区的补给作

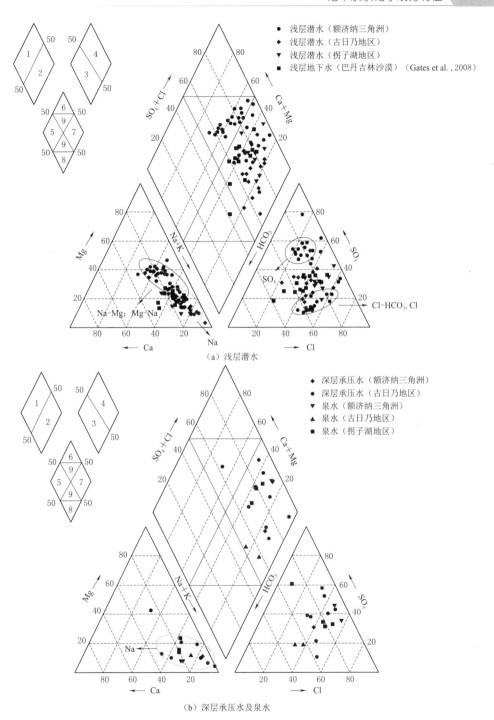

图 3.5　额济纳盆地 Piper 图解

用。由于低 TDS 沙漠地下水的不断补给，其边缘地带地下水具有很低的 TDS 和离子含量 （Gates et al.，2008）。第二类地下水集中分布在额济纳三角洲一带，其水化学类型为 Mg - Na，其中 Na$^+$ 的比重为阳离子总数的 30%～70%，Mg^{2+} 为 20%～45% ［表 3.1、图 3.5 （a）］。此外，额济纳三角洲浅层地下水根据其阴离子组分可以划分为 Cl - HCO$_3$ （或 Cl） 型地下水以及 SO$_4$ 型地下水。前者主要分布在黑河沿岸一带，受地表水与地下水混合作用影响，而后者则分布在河岸带之外的其他地区。东、西居延海一带，作为额济纳盆地地下水系统排泄区，由于缺乏地下水的补给更新，其地下水具有完全不同的水化学成分组成。在这一地区，浅层地下水 （Na - Mg - SO$_4$ - Cl 或 Na - Mg - Cl - SO$_4$ 型） 在水化学类型上不同于深层地下水 （Na - Ca - Cl - SO$_4$ 型）。然而深层地下水水化学类型却比较接近沙漠及其边缘地带地下水水化学类型 （Na - Mg - Cl - SO$_4$ 型），表明它们之间可能存在水力联系。

地下水中的 TDS 与离子成分具有密切的对应关系。一般情况下，随着 TDS 的变化，地下水中的主要离子成分也随之发生变化 （王大纯 等，1995）。皮尔逊相关系数 r （Pearson's correlation coeeficient） 通常用来评价两个变量间的相关程度，介于 1 和 -1 之间，其中 1 表示变量完全正相关，0 表示无关，-1 表示完全负相关 （Swan et al.，1995）。在地质学科领域，$r > 0.7$ 表示高度线性相关，$r = 0.5～0.7$ 表示显著线性相关 （Adams et al.，2001）。相关系数 $r > 0.5$ （显著水平 $p < 0.01$） 的数值列于表 3.2。由该表可以看出，主要离子成分 Cl$^-$、SO$_4^{2-}$、Na$^+$ + K$^+$、Mg^{2+}、Ca^{2+} 与 TDS 和盐度具有高度线性相关 （$r > 0.7$），表明主要离子成分与地下水 TDS 和盐度之间的密切关系。

受地表水和水循环介质以及地下水补给、径流、排泄条件的影响，研究区内浅层地下水的 TDS 在空间上具有显著的变异性，变化范围为 0.365～5.833g/L （谢全圣，1980）。在空间上，浅层地下水 TDS 在额济纳三角洲前缘地带 （狼心山） 至东、西居延海方向上呈现出明显的分带性。自补给区至排泄区，浅层地下水经历溶滤、离子交换以及蒸发与浓缩等多重作用，其 TDS 值不断增加。此外，地下水资源的开采在某种程

表 3.2   地下水主要离子成分皮尔逊相关关系（显著水平 $p < 0.01$）

r	盐度/%	总溶解固体/(mg/L)	Cl^-/(mg/L)	SO_4^{2-}/(mg/L)	HCO_3^-/(mg/L)	$Na^+ + K^+$/(mg/L)	Mg^{2+}/(mg/L)	Ca^{2+}/(mg/L)
盐度	1							
TDS	0.99	1						
Cl^-	0.90	0.93	1					
SO_4^{2-}	0.91	0.89	0.67	1				
HCO_3^-					1			
$Na^+ + K^+$	0.98	0.96	0.87	0.90		1		
Mg^{2+}	0.87	0.92	0.89	0.77		0.81	1	
Ca^{2+}	0.70	0.70	0.70	0.53		0.59	0.60	1

度上进一步加剧了浅层地下水 TDS 的增高（Guo et al.，2009；Su et al.，2007；Su et al.，2009）。如图 3.6 所示，浅层地下水系统的淡水区（TDS <1g/L）主要分布在额济纳盆地南部的洪积扇顶区（R1 区）和巴丹吉林沙漠前缘地带（R2 和 R3 区）。这里具有较好的补给条件，地下水循环畅通，其水化学类型以 Na - Mg - Ca - Cl - HCO₃ 或 Na - Cl - SO₄ 为主。浅层地下水系统的微咸水区（TDS=1～3g/L）主要分布在额济纳盆地与巴丹吉林沙漠之间的地带，其地下水水化学类型以 Na - Mg - SO₄（Cl）为主。从水文地质条件来看，微咸水区基本上与盆地内双层结构含水层区（潜水与单层承压水区）相重合，第四系含水层在这一地带由一层变为两层，含水层介质由粗变细，相对单一结构区而言，含水层的渗透性由大变小，地下水流速变缓（武选民 等，2002）。浅层地下水系统的盐水区（TDS>3g/L）则分布在东、西居延海一带（D1 区），基本与额济纳盆地第四纪下更新统的沉积中心相一致。该地区含水层（组）的介质主要由不同时期的河流冲积和湖积形成的中细砂、粉砂、粉细砂及黏土、亚黏土所组成，与区域含水层（组）相比较，含水层的颗粒相对较细，岩相变化复杂（武选民 等，2002）。该地段地势低洼，为额济纳盆地地下水系统排泄区，浅层地

下水的 TDS 值高达 5～10g/L，水化学类型以 Na‑Mg‑Cl‑SO$_4$ 或 Na‑Cl‑SO$_4$ 型为主。

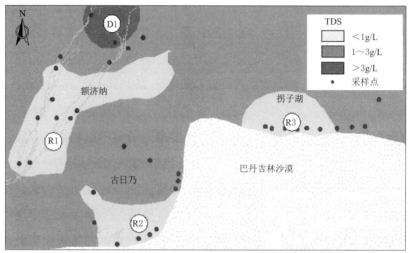

（a）地下水 TDS 空间变化

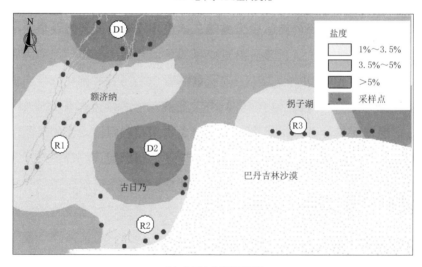

（b）地下水盐度空间变化

图 3.6　浅层地下水 TDS 与盐度空间变化
R1、R2、R3—补给区；D1、D2—排泄区

此外，据苏永红等（2005）研究，浅层地下水 TDS 值的高低与补给源距离的远近密切相关。河岸带浅层地下水的 TDS 值变化幅度较小，与河水的 TDS 值较为接近，而在远离河道方向上，其 TDS 值随离岸距离的

增加而不断增加。

　　地下水的盐分含量变化受蒸发浓缩以及地表-地下水相互交换等影响。同时，地形地貌、地质构造及水文地质条件也从另一方面制约地下水盐分的累积程度（Adams et al.，2001）。在额济纳盆地，浅层地下水的盐分含量变化主要受地下水径流条件与潜水蒸发浓缩作用的影响。此外，地下水回灌将非饱和带易溶盐分向下淋滤，并随入渗水向下运移而最终进入地下水中。数十年的灌溉在引起地下水位波动的同时，也造成浅层地下水与土壤中盐分的不断累积。在整个研究期间，浅层地下水的盐度为 1.2% ～ 14.4%，变异系数为 0.8，表明其具有很高的空间变异性。受地表水-地下水相互作用以及水文地质的制约，浅层地下水的盐化自额济纳盆地地下水系统主要补给区到蒸发排泄区具有明显的分带性。影响地下水盐化的主要因素是地表-地下水交错带的硅酸盐等矿物溶解以及地下水排泄区的蒸发沉积作用（Wen et al.，2005）。浅层地下水盐分含量累积区主要分布在东、西居延海一带（D1 区），以及古日乃沉积中心一带（D2 区）。作为地下水排泄区，这里受蒸发浓缩作用尤为强烈。在赛汉陶来-达莱呼布一带浅层地下水中也具有较高的盐分含量，这与当地地下水的回灌密切相关。

3.2.4　氯离子成分及其水化学演化

　　天然条件下，氯离子在地下水中分布广泛，主要来源于沉积岩中所含岩盐或其他氯化物的溶解，以及岩浆岩中含氯矿物（氯磷灰石、方钠石等）的风化溶解。由于氯离子不为植物及细菌所摄取，亦不被土粒表层吸附，同时氯盐溶解度大，不易沉淀析出，是地下水中最稳定的离子。因为氯离子的含量随着地下水矿化度的增长而不断增加，氯离子通常用来说明地下水的矿化程度（王大纯 等，1995）。氯离子在大气降水中含量较低，流域内水体经过蒸散发作用，导致剩余水体中的氯离子浓度升高，但氯离子总量在剩余水体中保持不变，因此，运用水体中氯离子质量平衡方法可以估计流域内降水/地表水对地下水的补给（Jones et al.，1977；Edmunds et al.，2006）。见表 3.3，黑河地表水氯离子平均浓度仅为 89mg/L，但

表 3.3　地表水与地下水水化学参数与主要离子成分统计分析表

	统计值	水温/℃	pH	盐度/%	TDS/(mg/L)	Cl⁻/(mg/L)	SO₄²⁻/(mg/L)	HCO₃⁻/(mg/L)	Ca²⁺/(mg/L)	Mg²⁺/(mg/L)	Na⁺+K⁺/(mg/L)
河水（观测点 2~4），n=3	最小值	8.00	8.13	0.80	358.00	53.88	15.66	155.18	18.40	20.24	42.93
	最大值	30.00	8.46	1.40	546.00	149.73	84.96	215.03	73.77	44.05	63.45
	平均值	17.30	8.35	1.07	454.30	89.02	52.22	187.82	38.97	31.27	53.42
	中值	14.00	8.45	1.00	459.00	63.45	56.04	193.25	24.73	29.52	53.88
湖水（观测点 6），n=3	最小值		9.24	10.70	4574.00	1231.85	1241.44	118.95	1007.03	398.10	91.58
	最大值		9.44	18.10	7380.00	2402.65	3252.48	199.10	1705.06	610.40	99.13
	平均值		9.32	14.33	5852.30	1782.49	2113.06	160.92	1320.59	490.60	94.53
	中值		9.28	14.20	5603.00	1712.98	1845.26	164.70	1249.69	463.30	92.87
超浅层地下水（井深<20m），河岸带地区（观测点 8~18），n=11	最小值	13.50	7.39	1.20	485.00	80.65	69.50	150.98	94.44	30.41	18.55
	最大值	19.60	8.74	3.40	1000.00	256.79	456.40	292.80	261.52	72.22	83.62
	平均值	16.73	7.65	2.25	807.30	183.75	245.43	242.06	160.87	54.28	53.62
	中值	16.80	7.57	2.00	817.00	193.56	214.10	265.35	134.81	54.42	55.95

续表

统 计 值		水温/℃	pH	盐度/%	TDS/(mg/L)	Cl⁻/(mg/L)	SO₄²⁻/(mg/L)	HCO₃⁻/(mg/L)	Ca²⁺/(mg/L)	Mg²⁺/(mg/L)	Na⁺+K⁺/(mg/L)
超浅层地下水（井深<20m），赛汉呼布布沉积中心（观测点19~23），n=5	最小值	14.40	7.40	5.60	1951.00	145.17	606.97	146.40	419.95	104.60	65.80
	最大值	16.60	7.59	14.40	5833.00	2155.15	2760.00	1120.88	1482.30	483.30	244.50
	平均值	15.42	7.51	9.40	3844.80	1010.09	1296.69	482.21	807.89	256.66	147.02
	中值	15.30	7.52	8.30	3487.00	1138.76	1125.00	457.50	714.37	230.70	132.30
超浅层地下水（井深<20m），古日乃地区（观测点24~34），n=11	最小值	12.50	7.38	1.30	365.00	74.58	62.14	169.28	158.07	8.76	12.37
	最大值	18.50	7.75	8.20	2662.00	986.22	1140.58	603.90	862.66	115.00	126.60
	平均值	16.22	7.57	3.62	1134.90	309.56	340.54	311.52	387.55	38.01	46.66
	中值	17.00	7.58	2.50	753.00	238.60	225.12	256.20	239.40	29.46	34.14
超浅层地下水（井深<20m），拐子湖地区（观测点35~44），n=10	最小值	12.60	7.06	1.50	409.00	106.46	121.30	91.50	115.59	9.44	15.33
	最大值	20.10	7.92	9.80	3237.00	1009.72	1097.39	420.90	813.59	100.50	216.10
	平均值	16.76	7.46	3.51	1042.10	332.60	296.82	188.03	299.33	34.00	62.22
	中值	16.90	7.38	2.05	567.50	183.88	149.65	137.25	170.42	23.55	37.84

续表

统 计 值		水温/℃	pH	盐度/%	TDS/(mg/L)	Cl⁻/(mg/L)	SO₄²⁻/(mg/L)	HCO₃⁻/(mg/L)	Ca²⁺/(mg/L)	Mg²⁺/(mg/L)	Na⁺+K⁺/(mg/L)
浅层地下水（井深为20~100m），赛汉陶来-达莱呼布沉积中心（观测点45~48），n=4	最小值	11.50	7.23	6.20	2096.00	493.57	492.21	192.15	471.82	165.00	74.32
	最大值	16.70	7.71	8.30	3082.00	1091.44	1574.00	521.55	579.66	265.80	165.10
	平均值	13.63	7.47	7.22	2739.80	756.45	925.79	400.31	529.07	220.57	129.43
	中值	13.15	7.48	7.20	2890.50	720.40	818.48	443.78	532.41	225.75	139.15
深层地下水（井深>100m），额济纳三角洲（观测点49~55），n=7	最小值	12.50	7.29	1.70	537.00	119.36	59.20	91.50	90.73	7.99	4.88
	最大值	22.60	9.29	5.20	1479.00	409.70	538.90	256.20	566.55	59.15	125.40
	平均值	15.96	8.09	2.86	872.00	219.74	289.10	153.59	245.99	26.06	48.05
	中值	15.00	7.99	2.50	737.00	214.05	205.76	114.38	212.29	25.54	32.52
泉水，额济纳三角洲（观测点58），n=2	最小值		7.55	4.70	1555.00	425.83	486.77	109.80	435.57	24.54	110.40
	最大值		8.28	5.10	1705.00	581.60	558.49	128.10	481.69	27.81	127.40
	平均值		7.92	4.90	1630.00	503.72	522.63	118.95	458.63	26.18	118.90
	中值		7.92	4.90	1630.00	503.72	522.63	118.95	458.63	26.18	118.90

续表

统 计 值		水温/℃	pH	盐度/%	TDS/(mg/L)	Cl⁻/(mg/L)	SO₄²⁻/(mg/L)	HCO₃⁻/(mg/L)	Ca²⁺/(mg/L)	Mg²⁺/(mg/L)	Na⁺＋K⁺/(mg/L)
泉水，古日乃地区（观测点 59～60），n＝2	最小值	13.70	7.54	1.20	296.00	77.82	56.92	164.70	125.54	5.36	6.54
	最大值	15.80	7.59	1.20	301.00	87.43	58.01	192.15	139.94	9.30	17.52
	平均值	14.75	7.57	1.20	298.50	82.63	57.47	178.43	132.74	7.33	12.03
	中值	14.75	7.57	1.20	298.50	82.63	57.47	178.43	132.74	7.33	12.03
泉水，拐子湖地区（观测点 61～64），n＝4	最小值	11.70	7.01	1.60	393.00	38.71	119.80	91.50	111.87	19.68	20.38
	最大值	14.30	7.51	2.60	736.00	245.17	304.64	183.00	203.34	22.64	52.28
	平均值	12.90	7.27	2.00	533.00	133.88	188.54	123.53	151.94	20.85	34.22
	中值	12.80	7.29	1.90	501.50	125.81	164.85	109.80	146.28	20.54	32.10

由于湖面强烈的蒸发作用，氯离子在尾闾湖中的浓度增加至 1200～2400mg/L。

研究区地下水为微咸水，其氯离子浓度变化范围为 40～2400mg/L，平均含量为 410mg/L。河岸带浅层地下水中的氯离子浓度较低（80～250mg/L），表明了地下水在生态输水期间受到黑河地表水的混合作用（Si et al.，2009；Wen et al.，2005）。在赛汉陶来-达莱呼布沉降区，相对于地下潜水（150～2150mg/L）来说，深层承压地下水的氯离子浓度较低（120～410mg/L）（表 3.1 与表 3.3）。在没有含水层中氯盐溶解的情况下，蒸发浓缩作用是影响研究区地下水氯离子浓度的主要因素（Gates et al.，2008）。浅层地下水中较高的氯离子含量是由回灌条件下地下水的蒸发浓缩作用所导致的。此外，含水层中可溶性岩盐的存在，对地下水有着重要的矿化作用。层状盐岩的溶解直接导致钠离子和氯离子浓度的大幅增加。研究区孔隙潜水含水层含盐量一般为 1.5%～2.5%。在沉积盆地中心，表层可溶盐含量高达 15%，随着深度的增加，含盐量逐渐减少（谢全圣，1980）。古日乃（70～990mg/L）和拐子湖地区（100～1010mg/L）浅层地下水的氯离子浓度相似。相对于浅层地下水，上述地区泉水中的氯离子浓度更低（分别为 75～90mg/L，40～250mg/L）。这是因为浅层地下水在蒸发浓缩的作用下，其离子浓度得到不断增加的缘故。

水在自然界循环过程中，化学成分不断发生变化。影响水化学成分发生变化的主要作用有溶滤、浓缩、混合、阳离子交替吸附、脱硫酸、脱碳酸等（杨成田，1981；沈照理，1985）。在研究地下水水化学成分时，不仅要研究水中各种离子成分及其存在形式，同时还要研究水中离子成分形成的地质历史过程。额济纳盆地浅层地下水水化学的演化进程受该地区水文、气象、地貌等外在因素以及含水层岩性和地下水补给、径流、排泄条件等内在因素制约。额济纳境内傍河地区，由于黑河生态输水的补给作用，河岸带的浅层地下水 TDS 值均小于 1g/L，水化学类型与河水（Na-Mg-Cl-HCO$_3$）相近。在远离河床方向上，浅层地下水的 TDS 值逐渐增大，呈现出明显的水平分带性。研究区属极端干旱气候，强烈的垂向蒸发导致地下水盐分向上迁移，并在含水层上部包气带中集聚 NaCl、Na_2SO_4、Na_2CO_3、$CaSO_4$ 等易溶性固体盐分（谢全圣，1980；Su et al.，2009）。

Na^+ 和 Cl^- 之间的线性关系（图 3.7）也表明地下水演化主要受蒸发浓缩作用影响。在大气降水和农业灌溉过程中，地表水的入渗及地下水位的抬升，将导致包气带中的盐分在淋滤、溶解和离子交换等作用下重新进入地下水中，并导致矿化度的相应增加（Vcevoloshsky，2007）。额济纳盆地地区（沉积中心区除外）由于受蒸发浓缩的影响，其浅层地下水矿化度均比深层地下水矿化度高。在化学成分上十分接近巴丹吉林沙漠泉水的拐子湖和古日乃地区泉水，其矿化度比同一地区的浅层地下水矿化度低。地貌因素对地下水化学成分演变的影响体现在额济纳盆地沉积中心一带，这里地形低洼、开阔、平坦。在居延海一带，承压水通过越流方式向上排泄，水头高于地表 1m（谢全圣，1980；钱云平 等，2006）。

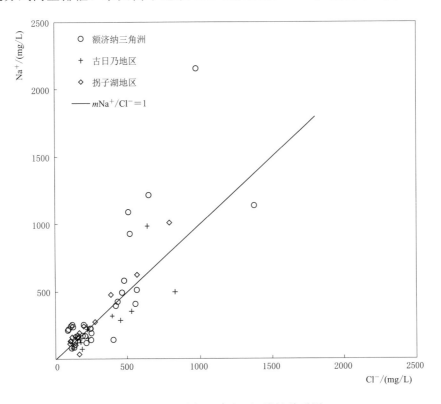

图 3.7　地下水 Na^+ 和 Cl^- 线性关系图

作为盆地内地下水的主要排泄区，其盐分及主要离子成分也随着地下水的汇集而聚集。

除了蒸发浓缩作用之外，额济纳盆地地下水的水文地球化学演化过程同样受到矿物溶解、水中物质积累与迁移、矿物沉淀等作用的影响。黑河地表来水以垂向入渗方式，通过含有各种成因气体的包气带补给地下水。河水中主要离子成分未饱和，pH 值也相对较低，在经过 CO_2 开放体系、氧化环境的包气带时，对岩层中矿物发生淋滤和溶解。在地下水运动过程中，水中原有物质成分随水流迁移和分异，同时溶解等溶和非等溶型矿物，致使水中物质成分和离子含量随径流路径增长或随含水层埋深增加而不断增加，矿化度和水化学类型也随之发生变化（曹玉清 等，2009）。大量研究（Si et al.，2009；Wen et al.，2005；Zhu et al.，2008）表明，额济纳盆地地下水中 $CaCO_3$ 和 $CaMg(CO_3)_2$ 接近饱和，而对于硫酸盐，如 $CaSO_4 \cdot 2H_2O$，总体上未达到饱和（饱和指数 saturation index＜0）。研究区地下水水化学成分在很大程度上受岩盐、石膏、白云石等矿物的溶解所影响。所分析水样中钠离子、钾离子与氯离子强相关性（$r=0.87$）表明钠离子除了来源于岩盐溶解之外，可能同样来源于岩石风化作用后的硅酸盐，如钠长石的溶解。此外，钠离子和硫酸根离子的强相关（$r=0.90$）（表 3.2）也说明水中钠离子的含量可能来源于硫酸盐，如芒硝的溶解（Si et al.，2009；Zhu et al.，2008）。额济纳地下水中的钙离子主要来源于碳酸盐类沉积物及含石膏沉积物的溶解，以及岩石中含钙矿物的风化溶解（谢全圣，1980；Su et al.，2009）。镁离子的来源及其在地下水中的分布与钙离子相近。额济纳地下水中的镁离子主要来源于含镁的碳酸盐类沉积，如研究区境内分布较广的白云岩（谢全圣，1980）。通常情况下，在含镁的碳酸盐沉积物含水层中镁离子的含量不会超过 100mg/L，而研究区内部分地段的地下水镁离子含量较高，其原因可能是地下水系统中石膏溶解出的钙置换了白云石中的镁。额济纳盆地地下水水化学的另一个特征是钾离子的含量较低（通常小于 100mg/L），其主要原因是钾离子极易被黏土矿物所吸附（苏永红 等，2009）。

3.3 地下水循环模式

基于水化学和同位素数据分析，提出了额济纳盆地地下水补给的概念性模型，如图 3.8 所示。从整个黑河流域来看，祁连山区降水产流是该地区地下水的主要补给来源（Jin et al.，2008）。在 20 世纪 60 年代以前，额济纳地区的地表水资源丰富（武选民 等，2002），其浅层地下水也不断得到河水的入渗补给。自 20 世纪 60 年代之后，随着黑河中游地区大规模的农业开发，下游地区的地表来水量不断减少，西居延海和东居延海先后于 1961 年和 1992 年干涸。与此同时，浅层地下水所得到的补给量也越来越少，地下水位显著下降（Su et al.，2007；Jin et al.，2008）。自 2000 年实施黑河下游生态输水以来，黑河沿岸一带浅层地下水水位不断得到恢复，尽管区域地下水水位仍不断下降。地表水与地下水的同位素组成亦表明，河岸带浅层地下水与黑河地表来水具有同一个补给源。在受到地表来水不断补给的条件下，河岸带浅层地下水的主要离子成分及其水化学类型在黑河分水前后也发生明显的变化，其 TDS 值在输水之后整体上得到降低。

尽管黑河地表水入渗是研究区浅层地下水的主要补给方式，然而当前的入渗补给量却不足以维持一个稳定的生态地下水位。已有的研究（武选民 等，2002）表明，巴丹吉林沙漠地下水是额济纳盆地浅层地下水的另一个重要补给源。巴丹吉林沙漠前缘地带的古日乃和拐子湖地区，其浅层地下水与巴丹吉林沙漠地下水具有相近的同位素组成。鉴于巴丹吉林沙漠与其周边地区所存在的水头差，古日乃和拐子湖地区极有可能是巴丹吉林沙漠地下水的排泄区（Gates et al.，2008）。这一地区泉水的同位素组成与巴丹吉林沙漠地下水的同位素组成接近，并位于同一蒸发线上，由此也可以推断它们具有相同的补给源（Chen et al.，2006）。根据这一判断，Chen 等（2006）认为巴丹吉林沙漠地下水通过断层补给额济纳盆地承压含水层，并在古日乃地区形成一个由承压水补给的古湖泊。近 50 年来，古日乃和拐子湖一带的湖泊、泉、沼泽等不断消失，其主要原因一方面是由于

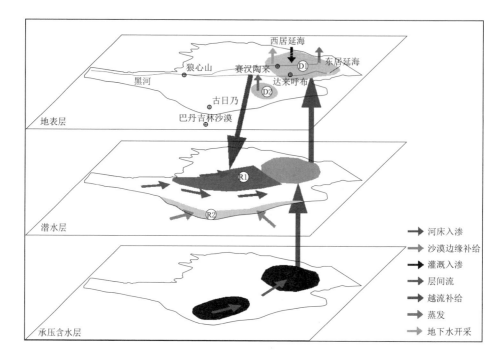

图 3.8 黑河下游地下水系统概念性模型

气温上升而导致的蒸发量增大；另一方面是由于地下水开采所造成的地下
水水位持续下降。

通过对所采集水样的水化学与同位素分析，研究区浅层地下水根据其
水化学特征可划分为三个区域：河岸带、巴丹吉林沙漠边缘一带（古日乃
和拐子湖）、居延海和古日乃沉积盆地。其中河岸带和巴丹吉林沙漠边缘
一带是研究区浅层地下水的补给区，而居延海和古日乃沉积盆地则是其排
泄区。需要指出的是，额济纳盆地的深层承压水与浅层潜水具有密切的水
力联系，并且浅层潜水在不同区域接受深层承压水的越流补给（武选民
等，2002；谢全圣，1980），这与该地区地下水系统数值模拟的结果相吻
合（Si et al.，2009；Xi et al.，2009）。此外，在东、西居延海一带泉水的
出露也证明了深层承压水对浅层地下水的补给。同位素组分的分析结果则
表明额济纳盆地深层承压水与巴丹吉林沙漠地下水具有相同的补给来源。
这些水体的同位素组成比浅层地下水更加贫化，是在晚更新世和全新世冷湿的气候条件下所形成的（Gates et al.，2008）。基于上述分析，并结合研究区浅层地下水的 TDS 和盐度空间分布特征，可以推测具有三种可能的浅层地下水补给方式，即：河道入渗补给、沙漠前缘侧向补给、含水层系统内部垂向越流补给。地下水的排泄途径主要为泉水与浅层地下水蒸发，以及地下水开采。浅层地下水的蒸发主要发生在额济纳三角洲的北部地区及古日乃一带。与此同时，地下水自补给区向排泄区（东、西居延海）流动的过程中，同样受到蒸发作用的影响。

第 4 章

浅层地下水动态及驱动因素

4.1 地下水动态监测

地下水动态是指地下水水位、水量、水温、水质等要素随时间和空间所发生变化的现象和过程。地下水系统监测是进行地下水动态研究的一种基本方法，不仅能够直接获取地下水水位、水量与水质的动态变化信息，而且可以用来定量评价地下水系统与环境之间的相互作用过程（Zhou et al.，2013）。国内外诸多学者在额济纳盆地，尤其是额济纳三角洲地区对地下水进行了大量的研究，但受到额济纳绿洲区目前尚未建立一个完整统一的区域地下水监测站网的影响，2000 年国家实施生态输水工程以来额济纳绿洲区地下水恢复现状研究仍存在困难。完善额济纳三角洲地区浅层地下水水位监测站网系统，深入分析地下水动态变化特征及其对生态输水的响应，对于进一步构建地下水数值模拟系统至关重要，也是科学探究额济纳绿洲地下水系统对生态输水响应的前提条件。

然而，在额济纳盆地目前尚未建立一个完整统一的区域地下水监测站网。除了相关科研单位所开展的一次性地下水水位与水质观测之外（Qin et al.，2012；张光辉 等，2005b；赵传燕 等，2009），长时间序列的地下水监测始于 1988 年，大体上可以划分为 3 个阶段（表 4.1）。第 Ⅰ 阶段的地下水监测由额济纳旗水务局于 1988 年开始实施，共布设 51 口观测井，以民井与机井为主，由牧民代为观测，观测频率为 10 天一次。这部分观测井由于主要分布在牧民生活区，更多的是反映人类活动影响下的地下水动态过程。这一阶段的地下水水位观测并不连续，其中只有 34 口观测井（图 4.1）具有一年以上的观测数据，并且仅有 15 口观测井具有相对完整的连续观测。

表 4.1   **额济纳绿洲地下水动态监测主要阶段**

阶段	观测期限	观测内容	观测方式及频率	观测井类型	观测井数量	观测单位
I	1988—2010 年	地下水水位	人工观测，10 天一次	民井、机井	51 口	内蒙古自治区额济纳旗水务局
II	2001—2003 年	地下水水位	人工观测，10 天一次	标准地下水观测井	34 口	内蒙古自治区水利科学研究院
III	2010 年至今	地表水/地下水的水位、水温与盐分	自动观测，30 分钟一次	标准地下水观测井	36 口	中国科学院地理科学与资源研究所

第 II 阶段的地下水监测是由内蒙古自治区水利科学研究院（以下简称"内蒙古水科院"）于 2001—2003 年期间实施，首次利用标准地下水观测井［井深为 4.8～15m（Wang et al.，2014b）］对荒漠戈壁-绿洲的浅层地下水水位进行动态监测。如图 4.1 所示，所布设的 34 口地下水观测井以额济纳东、西河为界，较为均匀地分布在额济纳绿洲范围内，并且远离当地牧民生活区。这一阶段的地下水监测方式仍为人工观测，观测频率为 10 天一次，但该项监测工作随着科研项目的结题而终止。

第 III 阶段的地下水监测是由中国科学院地理科学与资源研究所（以下简称"中科院地理资源所"）自 2010 年开始采用了自动监测技术，对这一地区的河水与地下水的水位、水温与盐分进行频率为 30 分钟一次的自动观测。这一阶段的地下水观测站网包括内蒙古水科院前期布设的 20 口标准地下水观测井，以及后期所增加布设的 11 口地下水观测井（图 4.1）。此外，沿额济纳东河自上而下共布设了 5 口河水观测井。

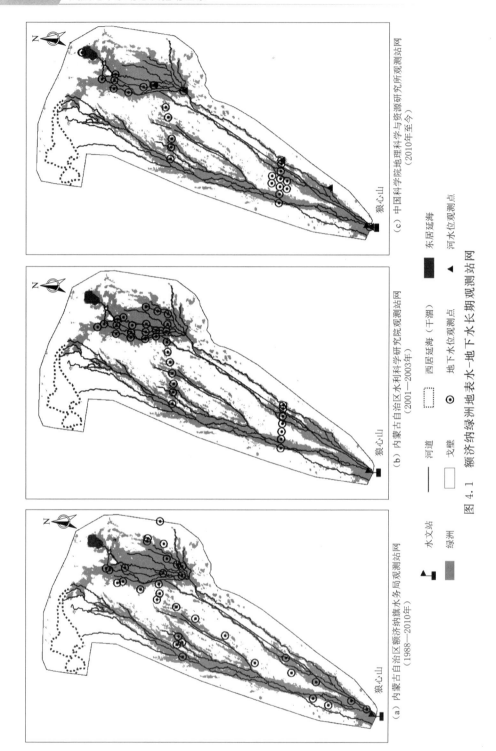

图 4.1 额济纳绿洲地表水-地下水长期观测站网

(a) 内蒙古自治区额济纳旗水务局观测站网 (1988—2010年)

(b) 内蒙古自治区水利科学研究院观测站网 (2001—2003年)

(c) 中国科学院地理科学与资源研究所观测站网 (2010年至今)

　　近年来，在国家自然科学基金重大研究计划"黑河流域生态-水文过程集成研究"实施过程中，对额济纳绿洲浅层地下水的动态监测力度不断加强，其中中国科学院寒区旱区环境与工程研究所、中国科学院新疆生态与地理研究所、北京大学以及北京师范大学等高校与科研单位结合所开展的科研项目，在这一地区陆续布设了一定的地下水观测站点。

4.2　地下水埋深的时间序列变化

4.2.1　地下水埋深年际变化

　　尽管在额济纳地区开展的地下水观测起步晚，但研究人员仍通过不同的研究方法试图对过去两百年以来的地下水动态进行分析研究。比如，孙军艳等（2016）通过建立额济纳旗 1771—2004 年期间的胡杨树轮年表，重建了这一地区胡杨林地 234 年的地下水水位埋深。研究结果表明，过去 234 年胡杨林地的地下水水位埋深总体在 1.5～4.0m 之间变化，其中多年平均地下水水位埋深为 2.94m。据记载，20 世纪 50 年代以前，额济纳地区的地表水资源丰富，浅层地下水不断得到河水的入渗补给（武选民 等，2002），额济纳绿洲的地下水水位埋深一般小于 1m，沿河两岸还保持许多小型湖沼与泉水，水质良好（刘钟龄 等，2002）。1950 年之后，随着黑河中游地区大规模的农业开发，下游地区的地表来水量不断减少，东、西居延海也分别于 1961 年和 1992 年干涸。与此同时，浅层地下水所得到的补给量也越来越少，地下水水位显著下降，其中绿洲区地下水水位埋深在 70 年代以后已下降至 2m 以下，90 年代普遍下降到 3m 以下（刘钟龄 等，2002）。

　　2000 年生态输水以来，额济纳绿洲上段的地下水水位回升明显（刘莉莉 等，2008），但下段农灌区地下水水位仍持续下降，累计达 1.5m 左右（敖菲 等，2012）。通过对额济纳绿洲 2001 年、2003 年和 2009 年同期地下水水位埋深比较分析，得出大部分地区浅层地下水水位在不同程度上得到了恢复（1～2m），但其恢复幅度在空间上存在明显的差异（Wang et al.，

2011a）。目前，额济纳绿洲浅层地下水水位埋深基本上处于适宜生态水位变化范围之内（2～4m），但绿洲农灌区地下水水位埋深则有所增加，最多达 8～10m（Wang et al.，2014b）。

根据中科院地理资源所 18 口观测井地下水水位实测数据分析，与生态输水前期（2003 年）的平均地下水水位相比，近 5 年（2013—2017 年）地下水整体回升约 20cm。东河河岸带多年平均地下水水位埋深为 213cm，随着生态输水量的持续增加（图 4.2），水位得以回升。至 2017 年，河岸带平均地下水埋深由 2010 年的 237cm 抬升至 178cm。图 4.2 显示了沿着河道方向上 4 口观测井的水位埋深变化情况。由图可见，2010—2017 年，各观测井地下水水位埋深逐年减小，地下水水位均呈显著抬升趋势。从河道上游到下游，4 口观测井的水位上升速率分别为 7.99cm/a、5.36cm/a、8.00cm/a 和 7.00cm/a，受不同补给条件和排泄条件的影响，观测井地下水水位回升速率具有一定空间差异性，没有明确的变化趋势。

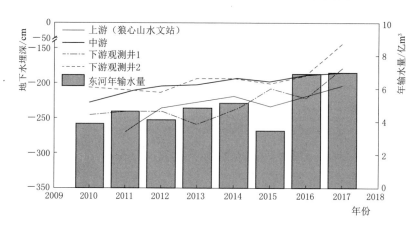

图 4.2　2010—2017 年额济纳东河河岸带地下水埋深与年输水量

生态输水所带来的浅层地下水水位波动也直接或间接导致额济纳绿洲地下水盐分的时空变化。2001—2009 年期间，受气候环境和径流条件的双重影响，额济纳绿洲浅层地下水的盐分整体呈递增趋势（温小虎 等，2006），尤其是河水与地下水灌溉地段盐化速度更为明显（Wang et al.，2011a）。浅层地下水水化学的年内动态（以 2011 年为例）研究表明，生态输水间歇期（8 月）与生态输水期间（4 月）相比，地下水化学类型并未发生明显改变，但盐分含量增加约 30%；同时，在垂直河道方向，距河道一定距离存在地下水盐分峰值带（王丹丹 等，2013）。

4.2.2 地下水埋深季节变化

图 4.3 显示了额济纳盆地河岸带观测井地下水水位逐月动态变化情

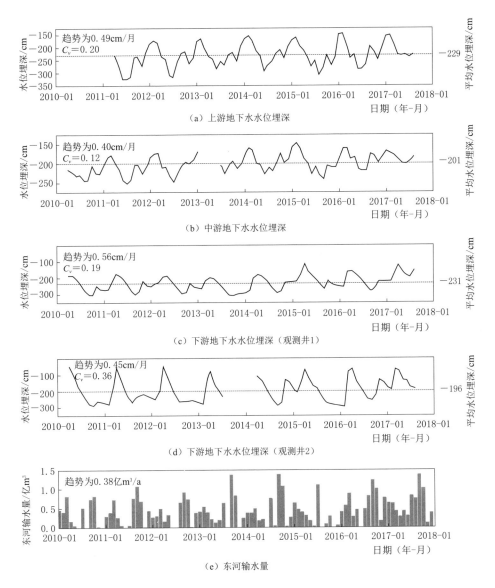

图 4.3 2010—2017 年逐月河道输水与河岸带地下水水位动态

况。可以看出，河岸带地下水水位动态具有明显的季节性变化特征，大致表现为：冬春季节水位埋深较小，而夏秋季节水位埋深较大。这主要归因于河道季节性输水渗漏补给和河岸带地下水蒸散消耗的综合作用。

黑河干流水量调度年度为当年 11 月 11 日至次年 11 月 10 日。其中，当年 11 月 11 日至次年 6 月 30 日为一般调度期，7 月 1 日至 11 月 10 日为关键调度期。为了保证河岸林正常生长发育，黑河下游天然植被区年内轮灌 3 次，春灌为 3—4 月、夏灌为 7—8 月、秋灌为 9—10 月，总体以春灌和秋灌为主。其中春灌的关键期为 4 月、夏灌的关键期为 7 月、秋灌的关键期为 9 月。

河岸带地下水水位通常在每年的 4 月开始下降，主要是由于 4 月是该地区植被返青及种子萌发期，植被生长消耗大量地下水，导致地下水水位迅速下降，持续到 7—8 月，地下水水位降至最低。至 9 月，植被枯萎，蒸腾耗水量逐渐减少，同时地下水又受到秋灌的回渗补给，地下水水位开始逐渐回升。根据月地下水水位变差系数（C_v）显示，下游绿洲区地下水水位年内变幅最大（0.36），而戈壁带则最小（0.12）。这说明绿洲区植被生长对地下水水位年内变化具有重要影响。

研究表明，2010 年以来，黑河下游河道输水量整体呈增加趋势，增加速率为 0.38 亿 m^3/a，尤其是 2016 年 1 月至 2017 年 12 月，河道几乎每月都有过水（图 4.3）。2010—2017 年，河岸带月地下水水位呈逐步抬升趋势，上、中、下河段地下水水位的月均上升速率分别为 0.49cm/月、0.40cm/月、0.45～0.56cm/月（图 4.3）。

4.3　浅层地下水埋深空间变化

4.3.1　地下水埋深空间分布及变化

20 世纪 20—40 年代，额济纳盆地浅层地下水埋深一般小于 1m，其中沿河两岸存在众多小型沼泽洼地，并有大量泉水出露。然后，到了 50 年代之后，随着地表水资源量的减少，研究区境内地下水所获得的补给量也大幅降低，从而导致浅层地下水水位持续下降（谢全圣，1980）。其中70年代浅层地下水埋深已经增加至2～3m，90年代之后局部地区地下水埋深已经达到3～4m（周爱国 等，2000）。据席海洋（2009）分析，这一期间东河末端的地下水水位每年以0.1m的速度下降。根据2009年7—8月的野外实测结果，浅层地下水埋深为0.8～8.29m，平均值为3.33m，中值为2.9m。除了研究区东北部地下水水位埋深大于4m之外，大部分地区的地下水水位埋深均介于2～4m之间（图4.4）。

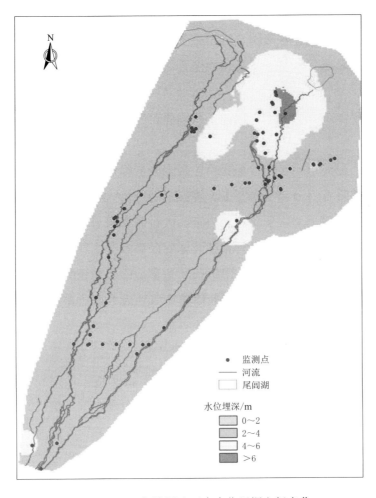

图4.4　2009年浅层地下水水位埋深空间变化

　　由于地表水文过程的变化和地下水开采的影响，黑河下游地区的地下水水位在过去几十年不断下降（Su et al.，2007）。随着 2000 年黑河生态输水工程的实施，这一状况得到了改变，其中研究区南部地下水水位已得到显著回升。然而，受季节性灌溉的影响，研究区北部地区的地下水水位仍持续下降。需要指出的是，在生态输水的前两年（2000—2001 年），浅层地下水水位经历了剧烈的波动，部分观测井地下水水位的波动幅度达 2～3m。

　　生态输水后地下水水位埋深的空间分布见图 4.5。该图对比了 2001 年 9 月和 2003 年 9 月地下水水位埋深之间，以及 2003 年 9 月和 2009 年 7—8 月地下水水位埋深之间的空间变化。2003 年和 2001 年相比，地下水埋深变幅为 −2m（降低）～+6m（增加），表明生态输水对浅层地下水埋深变化的巨大影响。这一期间，绝大部分地区的地下水水位得到回升。与此同时，沿着衬砌河道的观测井地下水水位仍在持续下降，表明衬砌工程降低了河道的入渗量，进而减少了其对地下水的补给（Guo et al.，2009）。对比 2003 年和 2009 年的地下水水位埋深，可见大部分地区地下水水位抬升了 0～1m，只有衬砌河道沿岸和农田灌区的地下水水位仍在持续下降（图 4.5）。

　　总体来说，生态输水后额济纳地区的地下水水位得到不同程度的恢复。然而，实施生态输水工程后的前 3 年，灌区的地下水水位呈现不规律的波动，且有轻微的回落。地下水开采以及通往东居延海河道的衬砌在不同程度上影响了地下水的补给（Guo et al.，2009）。

4.3.2　地下水埋深对河道输水的响应

　　地下水对河道输水的响应同样受距离河道远近的影响。在东河中游地区垂直于河道方向上，按照距离河道由近及远依次选取了 4 个观测井（Ⅱ7、Ⅱ6、Ⅱ5、Ⅱ4），探究河道输水对地下水的影响范围。Ⅱ7、Ⅱ6、Ⅱ5、Ⅱ4 观测井距离东河河道的距离分别为 0.35km、2km、4km 和 9km。由图 4.6 可以看出，随着距河道距离的增加，地下水水位埋深逐渐增大。位于近河道河岸带的Ⅱ7 观测井的年均水位埋深约为 2m，而远离河道位于戈壁带Ⅱ4 观测井的年均水位埋深为 3.5m 左右，从近河道处到远离河道处，

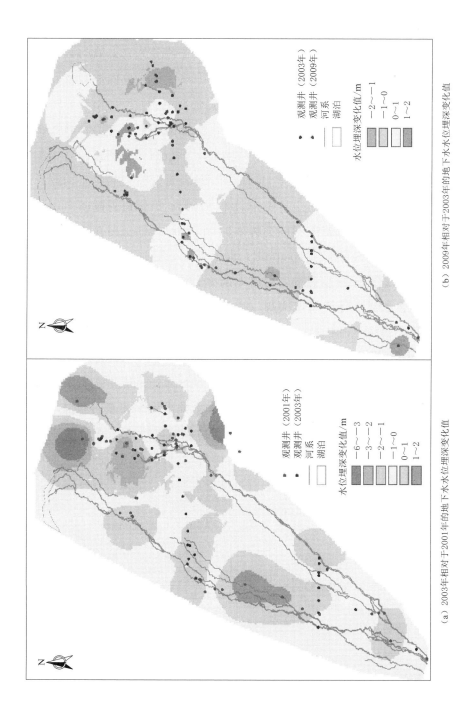

（a）2003年相对于2001年的地下水水位埋深变化值

（b）2009年相对于2003年的地下水水位埋深变化值

图 4.5　基于不同时期的浅层地下水水位埋深动态变化

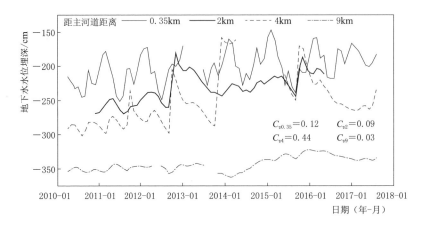

图 4.6 由河岸带到戈壁带观测井（Ⅱ 7、Ⅱ 6、Ⅱ 5、Ⅱ 4）
的多年（2010—2017 年）水位动态

地下水水位埋深增加了 1.5m 左右。

同时，Ⅱ 7、Ⅱ 6 和 Ⅱ 4 观测井的地下水水位变差系数分别为 0.12、0.09 和 0.03，随着离河道距离的增加，地下水水位变差系数逐渐减小，表明地下水水位年内变化幅度逐渐减小，水位对河道输水的响应程度逐渐减弱。河岸带易于受到河道渗漏补给的影响，地下水水位持续回升且变化明显；而距河道较远的戈壁带地下水水位则受河道渗漏补给的影响较小。Ⅱ 5 观测井由于位于两分汊支流的交汇处，受两渠道渗水补给的影响，年内地下水水位变化剧烈，变差系数高达 0.44。

4.4 浅层地下水盐度时空变化

地下水水化学分析常用总溶解固体（TDS）来表示盐度。TDS 也称矿化度，其值常以 105～110℃下将水分蒸干后所留下的固体的量来表征，主要以阴、阳离子浓度之和来计算，即 $TDS = Na^+ + K^+ + Ca^{2+} + Mg^{2+} + Cl^- + SO_4^{2-} + 1/2HCO_3^-$（由于 CO_3^{2-} 浓度极小，甚至为 0，所以忽略不计）。根据 TDS 值，可以将地下水划分为淡水、微咸水和咸水，即 TDS≤1000mg/L 时，属于淡水；1000mg/L＜TDS≤3000mg/L 时，属于微咸水；TDS＞3000mg/L 时，属于咸水。

根据 2001 年 9 月、2009 年 8 月和 2017 年 8 月的地下水水化学分析数据，空间插值获得了地下水 TDS 变化的空间分布概况，如图 4.7 所示。可见，与 2001 年比较，2009 年额济纳绿洲中上段地区地下水 TDS 值呈减小或稳定趋势。额济纳绿洲下段大部分地区 TDS 值减小 [图 4.7（a）]。然而，与 2009 年比较，2017 年地下水 TDS 值整体呈增大态势 [图 4.7（b）]。由于 2001—2009 年生态输水初期，黑河来水量的急剧增加，地下水得到河水的补给，地下水中盐分得到稀释，TDS 值呈减小态势。随着来水量的不断增加，地下水水位不断抬升，将前期积累在土壤中的盐分不断溶解，从而导致地下水中的 TDS 值逐渐增大。因此，在时间尺度上（2001—2017 年），地下水 TDS 呈非单调的先减后增的变化趋势。

由于额济纳地区常年干旱，降水极少，地下水主要靠河流渗漏补给。随着 2000—2017 年黑河生态输水量的逐年增加，额济纳绿洲浅层地下水获得的河道渗漏补给量也逐年增大，除部分人类活动影响区域外，其余地区浅层地下水中 TDS 值整体上是减小的 [图 4.7（c）]。不论研究区 TDS 值整体是减小还是增大，河流下段浅层地下水中 TDS 值的变化总比上段地区明显。这是因为下段地区的地下水接受河流渗漏补给量相对较少，而且近年来人类活动逐渐加强，尤其是农业灌溉导致地下水中盐分不断累积，因此 2009—2017 年额济纳东、西河下段局部地区 TDS 值增加明显。

浅层地下水 TDS 动态主要受区域地下水侧向补给、河流渗漏补给和地下水蒸发浓缩等多重影响，具有显著的空间差异性。图 4.8 反映了地下水 TDS 和地下水水位埋深的空间响应关系。根据 TDS 与地下水水位埋深两者间的关系可以大致分为三个典型区。河岸带地区，地下水水位埋深浅，为 1.5～3.0m，地下水易受到河道渗漏补给，受河流淡水周期性稀释，地下水更新快，水质较好且稳定，TDS 多在 2000mg/L 以下。河岸带少数观测井地下水 TDS 存在异常高值，主要受人类活动的影响。

戈壁带地下水多处于中埋区（3～6m），由于距离河道较远，受河流的渗漏补给较弱，但是水位埋深在蒸发极限埋深 6m 以上（徐永亮 等，2014），受蒸发浓缩作用影响，地下水盐分含量较高且空间差异性较大，

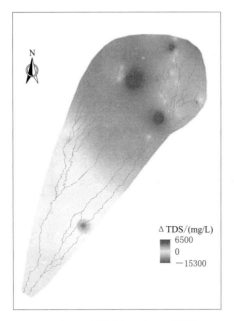

（a）2009年相对于2001年TDS变化量　　　　　　　（b）2017年相对于2009年TDS变化量

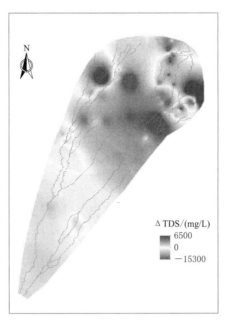

（c）2017年相对于2001年TDS变化量

图 4.7　额济纳绿洲地下水 TDS 值空间变化分布示意图

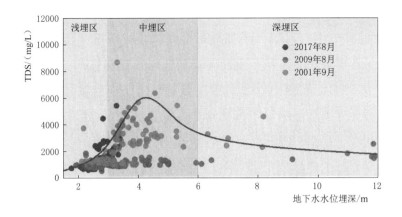

图 4.8 额济纳绿洲地下水水位埋深与 TDS 关系曲线图

多为 1000～7000mg/L。据前人的研究结果表明，人工绿洲区平均地下水水位埋深为 4.6m（王平 等，2014），恰好处于地下水水位中埋区范围，受地下水开采和河水漫灌的双重影响，地下水水位和盐分的动态变化较为强烈。

在地下水水位深埋区（大于 6m），水位埋深位于蒸发极限埋深以下，地下水受地表水入渗补给和蒸发浓缩作用的影响微弱。在此情况下，地下水动态主要受区域地下水流场控制，更新速度缓慢，盐分含量较为稳定，大多在 1000～3000mg/L 范围内。天然绿洲区的地下水水位埋深相对较深，平均水位埋深为 8.6m（王平 等，2014），正是属于地下水深埋区，地下水更新速度慢，地下水盐分较高。

值得注意的是，2009 年地下水样中 TDS 多在 2000mg/L 以下，并未呈现出随地下水水位埋深变化的态势。主要是因为 2009 年的采样点多分布在河岸带，样本盐分整体偏低，导致插值结果具有典型河岸带特征，对区域整体的代表性有所欠缺。这也可能是导致 2009 年整体 TDS 偏小的一个原因。需要指出的是，上述研究结果仅基于 3 期地下水水样的水化学分析数据，对研究区的地下水水位和水化学离子组分时空变化特征进行分析，并从统计上构建了 TDS 与地下水水位埋深之间的关系。然而，该研究所采用的地下水采样点空间分布不均且地下水水化学分析数据有限，因此该研究仍存在一定的局限性。

4.5　浅层地下水动态分区

额济纳盆地地下水动态变化类型在空间尺度上存在较大的差异。
Wang 等（2014b）在地下水水位与水温高频监测数据分析的基础上，根据
地下水年内动态变化特征，将额济纳盆地划分为 4 个典型地下水动态分区
（图 4.9）：荒漠戈壁带、河岸带、天然绿洲区（非漫灌区）及人工绿洲区
（漫灌区）。图 4.10 给出了 2010—2013 年期间上述 4 个分区内部典型观测
井浅层地下水的水位与电导率（EC）动态变化曲线，其中地下水观测均采
用 10m 量程的 CTD‐Diver 三参数地下水自动记录仪，观测频率为 30 分
钟一次。

如图 4.10 中荒漠戈壁带观测井 2010—2012 年期间的观测资料所示，
荒漠戈壁带的地下水水位整体变化微弱，其中地下水水位变幅为 51.6cm，
变异系数仅为 0.02（表 4.2）。Mann‐Kendall（M‐K）趋势检验结果表
明，观测期内地下水水位呈下降趋势（M‐K 值为 13.17），但在年内尺度
上，地下水水位呈现缓慢的周期性波动（图 4.10）。以 2011 年为例，河岸
带观测井地下水水位下降主要出现在 6—7 月，平均下降速率为 0.25cm/
d，而在其他月份地下水水位则缓慢抬升，平均抬升速率为 0.04cm/d。

地下水水位年内变化大，如河岸带观测井地下水水位的变幅和变异系
数分别为 219.8cm 和 0.15（表 4.2）。由于受到间歇性河流渗漏补给的直
接影响，地下水水位在生态输水过程中陡涨，单次输水影响下的地下水水
位涨幅达 2m（图 4.10）。在观测期内地下水水位埋深的 M‐K 值为 -6.05
（表 4.2），表明地下水水位整体呈缓慢抬升趋势。地下水盐分监测数据显示，
观测期内河岸带观测井的地下水 EC 平均值为 1.0mS/cm，随时间变化非
常微弱，整体变幅仅为 0.1mS/cm（表 4.2）。由此可见，这一带地下水循
环速度快，更新周期短（Qin et al.，2012），水质良好且相对稳定。

极少受地表水漫灌影响的天然绿洲区地下水水位埋深相对较深（天然
植被分布区柽柳林地观测井的平均地下水水位埋深为 857.0cm），但观测期

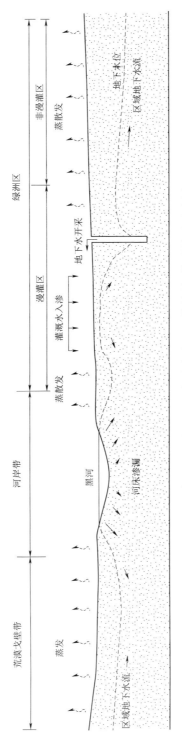

图 4.9　额济纳绿洲浅层地下水动态分区及其补给-排泄关系示意图
（修改自 Wang et al.，2014b）

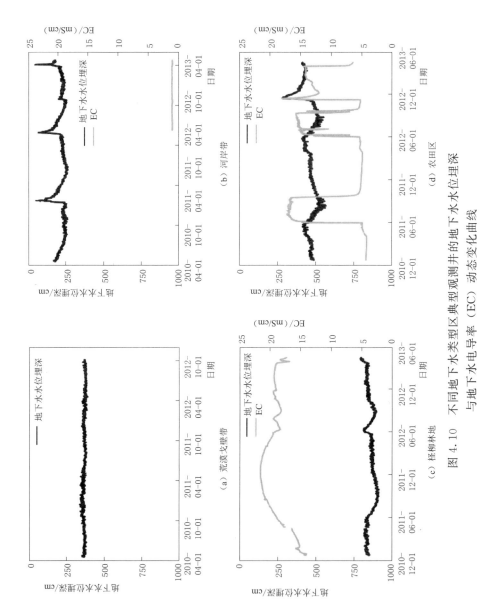

图 4.10　不同地下水类型区典型观测井的地下水水位埋深
与地下水电导率（EC）动态变化曲线

表 4.2　　　　　　　不同地下水类型区典型观测井的地下水

水位埋深与地下水电导率（EC）统计表

分区	观测起止日期	地下水水位埋深					地下水电导率				
		平均值/cm	变幅/cm	标准方差/cm	变异系数	M-K	平均值/(mS/cm)	变幅/(mS/cm)	标准方差/(mS/cm)	变异系数	M-K
荒漠戈壁带	2010-04-20—2012-10-08	368.8	51.6	7.8	0.02	13.17					
河岸带	2010-04-19—2013-04-13	221.6	219.8	32.5	0.15	-6.05	1.0	0.1	0.03	0.03	9.30
柽柳林地	2010-12-20—2013-04-12	857.0	124.3	26.2	0.03	-7.11	19.2	7.5	1.84	0.10	2.17
人工绿洲区	2010-12-21—2013-04-12	457.7	287.1	43.1	0.09	-9.99	9.3	13.8	4.96	0.53	13.43

内的地下水水位整体呈现缓慢抬升趋势（M-K 值为-7.11），同时具有较为明显的季节性变化特征（图 4.10）。地下水盐分观测结果显示，柽柳林地区观测井中的地下水 EC 平均值为 19.2mS/cm（变化范围为 14.0～21.5mS/cm），远高于河岸带地下水盐分含量（表 4.2）。尽管如此，地下水 EC 的 M-K 趋势检验结果表明（表 4.2），地下水盐分在观测期内仍呈现缓慢递增趋势。总的来说，这一带地下水更新速度缓慢，地下水盐分含量较高，并呈现出逐年增加的趋势。

受地下水开采与灌溉影响的人工绿洲区，其地下水年内动态变化最为显著（图 4.10）。以额济纳绿洲内部典型农田区观测井为例，地下水水位在观测期内变幅达 287.1cm。期间，地下水 EC 的变幅也达 13.8mS/cm，变异系数为 0.53（表 4.2）。M-K 趋势检验结果表明，2010—2013 年期间该观测点的地下水水位呈现缓慢抬升趋势（M-K 值为-9.99），但地下水盐分含量增加趋势明显（M-K 值为 13.43）。由图 4.10 可见，在每年的 6—9 月，抽取地下水灌溉一方面造成了地下水水位的持续下降，同时地下水在灌溉回渗过程中将包气带盐分淋滤至浅层地下水含水层中，从而造成地下水盐分的急剧增加。

4.6　地下水动态驱动因素

　　根据作用于地下水方式上的差异，可以将影响地下水动态的因素总体上划分为两类：第一类是由含水层水量变化所引起的地下水水位宏观变化，主要表现在浅层地下水，受到自然或人为的补给、排泄和灌溉回渗等直接影响；第二类是由于含水层弹性状态变化所导致的地下水水位微观变化，主要表现在深层地下水，与大气压力变化、固体潮以及地震等影响因素密切相关。一般来说，地下水系统的宏观与微观动态变化是同时受到多种因素共同影响。额济纳绿洲降水稀少，河水入渗补给、区域地下水径流、浅层地下水蒸散发、地下水开采以及地表水与地下水灌溉回渗等自然与人为因素是造成该地区浅层地下水宏观动态变化的主要驱动因素（Wang et al.，2014b）。

　　河流渗漏补给是额济纳绿洲，尤其是河岸带浅层地下水更新的主要方式。河床入渗性能、河流渗漏补给方式、河流地表来水量及其时空配置方式是决定这一地区河流渗漏补给地下水过程的关键影响因素。据野外调查研究（Min et al.，2013），额济纳河床以砂质沉积为主，在垂直剖面上呈现较为明显的上细下粗二元结构。在水流不畅的静水环境下，存在局部不连续、极薄的淤塞层。除下游少部分河段外，大部分河段并无淤塞层。野外试验研究表明，额济纳河床入渗性能好（张应华 等，2003），主干道河床渗透系数为 $12\sim30\text{m/d}$（Min et al.，2013）。单次生态输水过程中，额济纳河流渗漏主要经历非饱和淋滤渗漏和饱和顶托渗漏两个阶段，其中各阶段渗漏量占总渗漏量的比例分别约为 18% 和 82%。由于河床地下水水位通常埋深较浅，加上河床入渗性能好，因此，非饱和淋滤渗漏历时短，通常不超过数个小时，而饱和顶托渗漏则为研究区河流入渗补给地下水的主要方式。对额济纳东河典型河段（狼心山水文站—昂茨闸水文站）的河水渗漏补给日过程模拟结果表明，在未考虑河水面蒸发的条件下，2010—

2012 年的河水渗漏量占同期地表径流量的 32％，单次输水的渗漏量与径流量呈极显著的线性关系（$R=0.94$，$p=0.002$，$n=7$）。

额济纳河流的地表径流过程主要受到人为调控影响，在水量配置上具有很强的时空变异性。作为典型的干旱区间歇性河流，自生态输水以来，每年自黑河上中游向额济纳河流调水的时间主要集中在春秋两季，冬季河流表层冻结，夏季河道通常处于干涸状态。受额济纳河流季节性渗漏补给的影响，研究区浅层地下水储量在年内呈周期性变化，通常在 9 月至次年 3 月为正均衡，4—8 月为负均衡（徐永亮 等，2014）。额济纳河流地表来水在空间配置上具有明显的差异性，据 1988—2011 年的观测数据显示，额济纳东河与西河的河道过水量分别占总来水量的 71％和 28％，另有少量的地表来水通过东干渠向下输送（Wang et al.，2014b）。受线性生态输水的影响，浅层地下水受到河水渗漏补给的范围有限，仅在距河岸 500m 范围内可观测到单次输水影响下的地下水位波动。在近河岸地区（距河岸 75m），地下水位对地表来水的响应较快（5～7 天），而对于远离河岸地区（约 500m），其响应滞后时间达数十天之久（Wang et al.，2014b）。

额济纳绿洲地下水的排泄途径主要为浅层地下水蒸散发与泉水溢出以及地下水开采（武选民 等，2002）。据 2001—2011 年期间的地下水流系统模拟分析结果（徐永亮 等，2014），浅层地下水蒸散发占额济纳绿洲地下水系统总排泄量的 85％左右。占研究区绝大部分面积的荒漠戈壁带，其浅层地下水的蒸发速率整体上低于 1mm/d（Tian et al.，2013），主要受包气带岩性结构及地下水水位埋深的控制（赵传燕 等，2010）。地下水蒸腾则主要发生在以地下水依赖型生态系统为主的沿河一带（Si et al.，2014；Vasi-levskiy et al.，2022），以胡杨和柽柳的蒸散耗水为主，其中整个生长季的胡杨林地日平均蒸散速率为 1.4mm/d（Zhang et al.，2007）至 3.2 mm/d（Hou et al.，2010），而柽柳林地日平均蒸散速率约为 1.6mm/d（司建华等，2006）。

地下水依赖型植被的蒸散耗水不仅造成浅层地下水水位的季节性下降，同时也引起地下水水位在日尺度上的波动，具体表现为白天在植被蒸腾作用下地下水水位开始下降，而夜间当蒸腾基本停止或极其微弱时，由于受到地下径流的侧向补给，地下水位缓慢回升（White，1932）。如图 4.11 所示，河岸带 2 号观测井地下水水位在生长旺季（2011 年 7 月）呈现持续下降趋势，同时可以观测到明显的地下水水位日波动过程，变幅达 4～5cm，而类似的日尺度上地下水水位波动在冬季基本观察不到。Wang 等（2014b）根据河岸带及绿洲区观测井地下水水位日波动信息，采用 White 方法计算获得 2010 年 7—8 月期间观测井所在的河岸带及绿洲区平均蒸散发速率分别为 1.1mm/d 和 4.0mm/d。

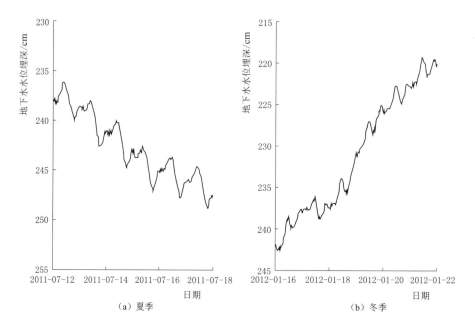

图 4.11　河岸带 2 号观测井夏季与冬季地下水水位典型变化曲线

此外，生态输水期的地表水漫灌以及生态输水间歇期的地下水抽取灌溉是额济纳绿洲内部农田区浅层地下水动态的关键影响因素。据野外调查与地下水流系统模拟分析，2001—2011 年期间地下水开采量为 $4.92 \times 10^7 m^3/a$，约占额济纳绿洲地下水系统总排泄量的 15%（徐永亮 等，2014）。尽管目前缺少农田区水分循环过程的定量研究，但近年来的野外调查研究表明，农田区地下水水位及水质的动态变化过程在很大程度上受到地下水开采灌溉的影响（Wang et al.，2011a）。

综上所述，根据地下水时空动态变化特征及其驱动因素，可以将研究区浅层地下水动态变化划分为 4 种类型。第一类为水文型，主要分布在河岸带，以河道渗漏补给与植被蒸腾作用为主，地下水水位在河道过水初期快速波动，但 5—9 月期间在河岸林蒸腾作用下，地下水水位持续下降。由于受到地表河水的不断更新，地下水盐分含量低，且变化小。第二类为地下径流-蒸发型，主要分布在荒漠戈壁带，在区域地下水侧向补给和潜水蒸发作用的双重影响下，地下水水位呈现微弱的季节性波动。第三类为地下径流-蒸散发型，主要分布在天然绿洲区，受地下水依赖型生态系统蒸散发与区域地下水侧向补给的影响，地下水水位季节性波动明显，地下水盐分缓慢增加。第四类为人工扰动型，分布在人工绿洲区范围内，受地下水开采与人工回灌作用的影响，地下水水位与盐分在灌溉期间变化尤为剧烈。

第5章

额济纳河流与地下水水量交换

5.1 河流与含水层水量交换理论与方法

5.1.1 河流与地下水交换研究热点

河流与地下水作为陆地水循环过程的重要组成部分，两者间的相互作用在塑造地表形态的同时，促进潜流带的物质迁移和能量交换，并对河岸带生态系统产生影响（胡立堂 等，2007；Brunner et al.，2017；朱金峰 等，2017）。近年来持续干旱、水库修建和无序取水等自然环境变化与人类活动对全球河流系统及地表水循环过程造成了严重影响。比如，包括河流在内的近 9 万 km² 地表水体在过去的 32 年间（1984—2015 年）逐渐消失（Pekel et al.，2016）。同时，超过 30％的天然河流频繁断流，由常年性河流转变成间歇性河流，而且这一比例仍在增加（Tooth，2000；Datry et al.，2014）。对于常年性河流系统而言，除了傍河水源地超采地下水所导致的河水与地下水脱节之外，河流与含水层之间通常处于饱和连接状态，即两者之间以饱和流方式进行水量交换（靳孟贵 等，2017）。相比之下，间歇性河流与含水层之间的水力联系则较为复杂，基本存在饱和连接（饱和流）、过渡连接（饱和流与非饱和流共存）和完全脱节（非饱和流）三种不同的水力联系状态，而且三种状态之间频繁转换且交替出现（Brunner et al.，2011）。近年来，间歇性河流脱节过程及其影响要素以及由饱和连接至完全脱节过程中的河水入渗规律，已成为河水与地下水交换研究的

70

热点与难点。

对于饱和连接模式下的河流与含水层系统，河水与地下水之间的水量交换强度同河水水位与地下水水位差呈线性关系（Hunt，1999），并能够依据饱和水流的达西定律来建立相应的解析模型（Hantush，1965；Wang et al.，2015）。然而，正如 Reid 等（1990）所指出，一旦河水与地下水开始脱节，在河床与含水层之间会逐渐形成一个包气带。此时，应该结合非饱和土壤水分运动理论来描述下渗水分在包气带中的迁移过程，并需要考虑下渗水分到达地下水面的时间（Niswonger et al.，2005）。Fox 等（2003）、Brunner 等（2009）运用饱和-非饱和渗流理论先后研究了垂向一维状态下河流与含水层由饱和连接至完全脱节过程中的河水入渗速率变化。研究认为，在河水水位及河床入渗性能不变的情况下，水力梯度随着地下水水位的下降而不断增加，进而导致河水入渗速率逐渐增大，在河流与含水层完全脱节时达到最大，并趋于稳定。然而，Rivière 等（2014）研究发现，在包气带开始形成的过渡连接阶段，当河床渗透性能远低于河床下方含水层渗透性能时，入渗速率在过渡连接初期达到最大，之后缓慢减小并趋于稳定。分析河床下方包气带的形成及其变化过程是深入理解河流脱节机理的关键，也是间歇性河流与含水层相互作用研究的难点，这方面的研究仍有待进一步加强。

如何有效识别河水与地下水是否脱节是河流与含水层相互作用研究的另一难点（Brunner et al.，2011）。Wang 等（2016）认为，当自由水面的水平水力梯度为 0，垂向水力梯度为 1 时，河水与地下水完全脱节。在地下水渗流理论分析的基础上，Brunner 等（2009）基于一维垂向稳定流假设建立了判别河水与地下水脱节与否的数学表达式。然而，对于窄浅型河流与含水层系统，正如靳孟贵等（2017）所指出，由于水平流与垂直流共存，该判据并不适用。水平流的形成与脱节型河流两岸非饱和带的发育密切相关。当河流两岸非饱和带发展到一定阶段，河岸带非饱和介质毛细吸力足以引起河水在垂直入渗过程中产生水平方向的运移，即水平流（Xie et al.，2014；靳孟贵 等，2017）。对具有淤塞层的河流脱节过程研究发现，当河水与地下水发生脱节之后，在淤塞层下方能够形成悬挂饱水带，其最大厚度约等于河水深（Wang et al.，2016）。Xie 等（2014）研究发现，在一定条件下，未淤塞河流脱节之后同样可以在河床下方发育有悬挂饱水带。围绕"河流-悬挂饱水带-非饱和带-地下水"系统的饱和与非饱和水流形成与转化研究，将有助于精准刻画间歇性河流与含水层之间的水分迁移过程。

作为河流与含水层相互作用的重要物理界面（Constantz，2016），河床直接影响河水与地下水交换强度以及潜流带生物地球化学过程（Brunner et al.，2017；杜尧 等，2017）。河床渗透系数（K）是反映河床沉积物导水能力的重要参数，其大小不仅取决于河床沉积物的性质，如粒度、成分、颗粒排列、充填状况、沉积结构等，同时与河水的物理性质，如容重、黏滞性具有密切的关系（薛禹群，1997；Cuthbert et al.，2010）。受多种因素的影响，河床沉积物 K 值存一个较大的变化范围，从小于 1×10^{-9} m/s 到大于 1×10^{-2} m/s 不等（Calver，2001）。不仅如此，河床渗透性能具有强烈的空间非均质性，并在时间上也呈现出一定的变异性（Chen，2004；Tang et al.，2017）。河床沉积物所具有的这种时空变异特征，一方面，影响河流与含水层之间的转化关系；另一方面，造成难以准确定量河水与地下水交换量。当前，对河床渗透性能时空变异性及其影响因素的识别不仅是研究河水与地下水水量交换的关键与难点（束龙仓 等，2008；Rosenberry et al.，2009；Pozdniakov et al.，2016），也是河流与含水层相互作用研究的热点（Constantz，2016；Brunner et al.，2017）。

5.1.2　河流与地下水交换研究方法

河水与地下水交换的研究方法主要包括室内物理模拟实验、野外测定、数值模拟等（Yager，1993；Landon et al.，2001；Kalbus et al.，2006；Rosenberry et al.，2008；Fleckenstein et al.，2010）。野外测定的方法很多，比如，河道流量测定法、抽水试验法、微水试验法、渗水试验法、离子示踪法等（Scanlon et al.，2002；Cook，2015）。近年来，基于达西定律的各种形式原位渗流实验方法得到不断改进与完善，并在此基础上发展出原位测定河床渗透性能的一些新方法。如 Chen（2000）所提出的原位竖管法已经在河床沉积物渗透系数的野外测定上得到了较为广泛的应用（束龙仓 等，2002；何志斌 等，2007；宋进喜 等，2009）。圆盘渗流仪（seepage meter）也被广泛用于研究干旱区河流与含水层水量交换速率（Landon et al.，2001；Rosenberry，2008）。

当前，随着温度示踪逐渐成为国际上研究河水与地下水交换的一种有效手段，利用温度变化信息定量研究河水与地下水交换，以及河水温度变化对河床沉积物 K 值的影响正逐渐成为一种新趋势（Ronan et al.，1998；Anderson，2005；Hatch et al.，2006；Selker et al.，2006；Constantz，2008；吴志伟 等，2011；Halloran et al.，2016；Caissie et al.，2017）。通过记录河床的温度剖面，可以观测到河水温度瞬变信号在河床内的传播过程，从而根据这个信号的形状和滞后时间估算向下的河水入渗速率（Constantz et al.，2003；Constantz，2008；Lundquist et al.，2008；Roshan et al.，2012；Vogt et al.，2012）。在此基础上，结合河水与地下水水位及温度观测资料，即可计算获得河床沉积物 K 值及其随温度的变化关系（Hatch et al.，2006、2010；Hyun et al.，2011）。

近年来，在干旱与半干旱地区的常年或间歇性河流河床渗透系数研究基础上，已有学者尝试利用温度感测器（固定在直径为 $4\sim5cm$ 的钻孔中）来记录河床剖面温度信号，从而实现对整个河床断面河床沉积物 K 值的估算（Vogt et al.，2010；Anibas et al.，2011；Gerecht et al.，2011；Anibas et al.，2016）。在计算方法上，采用对流与热传导计算模型对河床剖面的温度与水位观测数据进行分析，已成为定量确定河床入渗性能的一种重要手段（Anderson，2005）。在河水及地下水热量与渗流交换过程模拟，以及河床渗透系数时空变异性分析计算方面，美国农业部盐渍土实验室所开发的 HYDRUS-1D 水热耦合运移模型（Šimůnek，van Genuchten，2008；Šimůnek，et al.，2008；Šimůnek et al.，2016）和美国地质调查局所开发的变饱和孔隙介质水热运移模型 VS2DH（Healy et al.，1996、2012）已得到了广泛的应用与验证（Schmidt et al.，2007；Essaid et al.，2008；Anibas et al.，2009；Duque et al.，2010；Vandersteen et al.，2015；Halloran et al.，2016；Huang et al.，2016）。

随着地下水模型（比如，MODFLOW）的河道水流模块 SFR1（Prudic et al.，2004）和 SFR2（Niswonger et al.，2005）的不断发展与完善，对河流与含水层系统的数值模拟已成为区域尺度上河水与地下水交换研究的重要手段（Yao et al.，2015c）。类似模拟研究的可靠性不仅依赖于一个相对完整的河水与地下水水位联合监测网（Wang et al.，2015），而且取决于对河流与含水层系统模型的正确概化以及对模型参数的准确估算（Yao et al.，2015b；Brunner et al.，2017）。从参数化的角度来看，上述所提及的野外研究方法，包括点尺度上的原位渗透实验以及关键河段尺度上的河道水量平衡实验，能够为河水与地下水水量交换关键参数（比如，河床渗透系数）的确定提供依据。当前，随着测温技术的不断发展，点式测温、分布式测温、航空和航天遥感测温与水位、流量等传统水文观测相结合（Yao et al.，2015a），为地表水与地下水耦合模型的校正提供多源校正信息，保证从不同的时空尺度上研究河水与地下水相互作用的规律与强度（黄丽 等，2012；马瑞 等，2013；刘传琨 等，2014）。

受研究尺度、研究方法本身的局限性与不确定性等因素限制，单一研究方法所获得的计算结果代表性有限，而不同研究方法所得到的结果之间可能存在较大差异。因此，综合运用多种相互独立的技术方法，是提高河水与地下水水量交换研究结果可靠性的重要保障（McCallum et al.，2014）。

5.1.3　干旱区间歇性河流与地下水交换研究存在的问题

干旱区由于降水稀少，地表水资源贫乏，浅层地下水是人类生产与生活活动的基本保障，也是维持自然生态系统平衡的关键要素。对于干旱区内陆河下游地区来说，河流地表水是浅层地下水补给的重要来源（王平 等，2014）。当前，干旱区河流渗漏补给地下水的基础研究已成为河流与含水层相互作用研究的一项重要前沿课题（de Vries et al.，2002；Villeneuve et al.，2015），也是科学评价河岸带地下水资源，合理维持河流及河岸带生态系统功能（Jolly et al.，2008），以及进行水量调度系统论证的重要依据（程国栋 等，2014；Tian et al.，2015b；Wu et al.，2015a）。

干旱内陆河流域上、中、下游系于一脉，尽管流域内河水与地下水多次转换，但仍同属一个水资源系统（中国科学院地学部，1996）。近年来，随着河流中上游水资源的过度开发利用，河流下游发生间歇性断流（Tian et al.，2015a），导致河流与含水层系统之间形成了复杂的"饱和连接-过渡脱节-完全脱节"演化关系（Brunner et al.，2011），增加了河流与含水层之间水量交换研究的难度。此外，干旱区发育有数量众多的短小河流，且多为季节性河流。这些河流通常处于干涸状态，仅在暴雨期间形成河道径流，并通过砂质或砾石质河床快速渗漏补给地下水（Hoffmann et al.，2002；Morin et al.，2009；Noorduijn et al.，2014；Rau et al.，2017）。针对一次来水过程中水流湿润锋在河床下方非饱和带内的垂向运移过程，Dahan 等（2008）发展了非饱和层监测系统（vadose zone monitoring system，VMS），用来观测非饱和层中水流的渗漏过程。通过连续追踪非饱和带内的土壤含水量变化，来分析计算水流的入渗速率。该种方法已经在干旱区间歇性河流一次洪水过程下的河床入渗补给机理研究中取得了新的认识（Morin et al.，2009；Rimon et al.，2011）。尽管如此，受自然条件的限制，干旱区水文气象站点稀少，基础观测资料缺乏。因此，在上述地区开展间歇性河流与地下水交换研究仍然面临着极大的困难和挑战（Wheater et al.，2010）。

中国西北干旱区以温带大陆性气候为主，年内温差与昼夜温差都很大。由于河流水深较浅，河水与河床的温度受气温影响显著，尤其在严寒的冬季，宽浅型河流通常部分冻实或连底冻。与此同时，以塔里木河、黑河、石羊河为典型的中国西北内陆河流，其地表径流过程近年来受到了人为的调控（庞忠和，2014；王平 等，2014）。通常，每年在春秋两季向下游集中调水，而夏季河床经常处于干涸状态。河水温度年内及昼夜波动、河床季节性冻融与河道间歇性过水，作为中国西北干旱区下游河流水文的典型特征，势必导致河水物理性质、水动力条件及河床沉积物本身的改变，并进而影响河床渗透性能在时空尺度上的变化。然而，目前在对干旱区河流与地下水交换的定量研究上，通常假定河床渗透性能是恒定的。由于不考虑环境要素对河床渗透性能的影响，野外实验所获取的河床渗透系数存在很大差异。比如，近年来不同研究人员对中国西北黑河下游额济纳东河河床渗透性能进行原位测试，其中 Min 等（2013）采用原位竖管法获得的河床渗透系数为 12～28m/d，而 Xi 等（2015）利用 Guelph 入渗仪测定的河床渗透系数却相对较小（＜3m/d）。除了不同实验方法之间可能存在的测算误差之外，两次测试期间环境要素（比如水温、河水所携带的泥沙含量）的差异可能是导致所测算河床渗透系数差别的重要原因。

在内陆河流域下游生态输水实践中，我们仍在探索一种更为优化的周期性输水模式，旨在持续恢复河岸带地下水水位与河岸林植被（刘登峰等，2014）。当前，在确定适宜输水期、输水持续时间及单次输水量的过程中，仍存在诸多科学问题尚待研究解决，其中包括：干旱区河流在间歇性过水与季节性冻融环境下，其水动力条件与河水温度是如何变化的，是否存在一定的规律？这些变化又将如何进一步影响河床渗透性能及河水与地下水之间的水量交换，它们之间是否存在某种具有物理机制的联系？

5.2　河流与地下水交换的试验设计与数据分析

5.2.1　实验设计与数据分析总体思路

河床渗透系数（K）是影响河流与含水层相互作用的重要因素。确定河床渗透系数，是定量分析河流与河床下方含水层地下水水量交换的关键。河床渗透系数定量研究方法总体上可分为实验室分析法、野外测定法、数值模拟法等（Scanlon et al.，2002；Cook，2015）。实验室分析法主要是基于河床沉积物的颗粒级配曲线来推求其渗透系数（Alyamani et al.，1993；Song et al.，2009），而数值模拟法则是通过参数识别的方法来确定河床的渗透系数（Yager，1993；Wang et al.，2015）。实验室分析法与数值模拟法都是通过间接的手段来获取河床渗透系数，而野外测定法则是通过原位实验直接获得河床沉积物 K 值，也是当前河床渗透系数测定最常用的方法之一。

河流与地下水交换研究的总体思路是以野外实验与观测为基础，通过分析计算确定河床沉积物 K 值，并分析不同环境下 K 值的差异性，揭示河床渗透性能时空变异性及其主要影响因素（王平，2018）。研究方法包括典型断面河床剖面野外调查与采样、河床沉积物物理及水理性质室内分析、河床渗透性能原位测试、河流-含水层系统温度与水位同步连续自动观测、数值模拟与计算、数理统计分析等。

5.2.2 河流与含水层系统的水位与温度同步观测

假定河流与两侧地下水交换强度基本相同，由于其对称性，拟以河流中线为界在一侧布设河流与含水层系统的水位与温度同步观测，方案如图5.1 所示。根据 Wang 等（2015）所论证提出的河水与地下水监测方案，在垂直于河道方向上布设 3 眼地下水观测井（G1～G3）与 1 眼河水位监测井（R1），用于分析河水与河岸带地下水之间的关系。在此基础上，考虑河流宽度及河床断面形态特征，自河流中线至河岸布设一定数量的河床温度与水位监测剖面（如图 5.1 所示的 RB1～RB4）。然后，根据河床剖面垂向结构，在每个监测剖面自河床表层向下的不同深度内埋设温度自动记录仪，用来观测河床沉积物的温度变化。

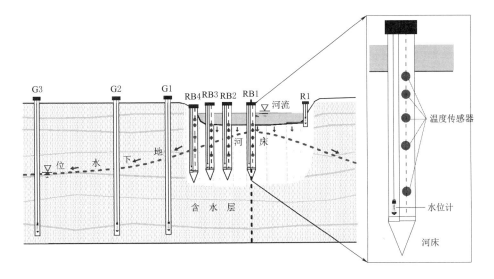

图 5.1　河流与含水层系统的水位与温度同步连续观测示意图

5.2.3 河床渗透性能原位测试

根据非过水期河床剖面垂向结构特征调查结果，采用原位竖管法对河床沉积物渗透系数进行分层测定。Hvorslev（1951）较早提出了原位竖管法的理论计算依据，其试验方法如图 5.2 所示（Chen，2000）：将一定规格的测管竖直插入河床沉积物中，然后向竖管内连续注水，在管内注满水后，开始记录水头下降过程中不同时刻测管内水头位置，进而计算河床的垂向渗透系数。由于简单易行，该方法已成为当前河水与地下水交换定量研究中用来原位测试河床渗透性能的重要手段。

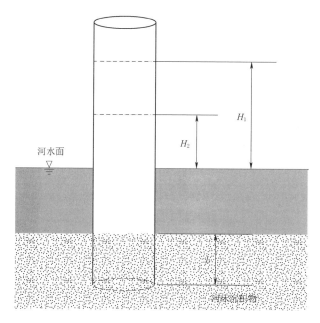

图 5.2　原位竖管法测定河床沉积物渗透系数示意图
L 为测管内河床沉积物的长度；H_1 和 H_2 分别为 t_1 和 t_2 时刻所对应的测管内水头高度

原位测试以河流与含水层的水位和温度同步监测断面为基准，从河岸一侧按等间距对河床渗透性能分层进行测定。在河流与含水层同步监测断面的上下游，根据河床形态分别增设一处类似的测试断面。考虑到温度、流量等水文气象要素对河床渗透性能的影响，原位测试在不同的季节和流量下开展，并且每次测试期间对河水温度、河水位、流速等要素进行测量与记录。单点测试完毕，原地采集河床沉积物样品，在室内采用筛分（大于 2mm 粒级）与激光粒度仪（小于 2mm 粒级）相结合的方法进行样品粒度分析。

5.2.4 河床沉积物水分运动参数分析

在河床干涸期，沿着河床渗透性能原位测试点采用容积为 $100cm^3$ 环刀分层采集河床沉积物原状样品，室内测定样品的物理及水理性质，包括粒度分布、干容重、饱和含水率、渗透系数、水分特征曲线等。选取合适的含水量和吸力关系模型，如 van – Genuchten（vG）模型（van Genuchten，1980）、Brooks – Corey（BC）模型（Brooks et al.，1964）、Clapp – Hornberger（CH）模型（Clapp et al.，1978），对样品水分特征曲线进行拟合，获取模型计算所需要的水分运动参数。

5.2.5 河床渗透系数计算与分析

首先，分析不考虑温度影响的河床沉积物 K 值。对河床沉积物颗粒级配曲线进行分析，并根据经验公式计算其渗透系数 K（Alyamani et al.，1993；Song et al.，2009）。然后，分析恒定温度下的河床沉积物 K 值。根据河床渗透性能原位测试结果，利用改进后的 Hvorslev 公式（Pozdniakov et al.，2016；Vasilevskiy et al.，2019；Wang et al.，2017）计算一定河水温度下的河床沉积物 K 值。最后，分析计算变化温度下的河床沉积物 K 值。对河流与含水层系统的温度与水位同步观测原始数据进行预处理，插补因各种无法预测原因导致的观测数据短时段缺失，并生成可用的温度与水位原始步长序列。以水热耦合运移模型，如 HYDRUS – 1D（Šimůnek et al.，2008）和 VS2DH（Healy et al.，1996），为模拟分析平台，利用校正之后的河流与含水层温度与水位观测数据，结合所获取的河床断面形态资料与水热运移参数，计算获得不同河水温度下的河床沉积物 K 值数据序列。

通过对上述 3 种不同测算方法所获取的 K 值进行对比，采用数理统计分析方法量化河水温度对河床渗透性能及河水与地下水水量交换的影响。

采用时间序列分析，进一步探讨河床渗透性能时空变异性及其对河流干湿交替与冻融过程的响应。

5.3 额济纳河流与地下水水量交换研究

5.3.1 河床渗透性能原位试验

利用原位竖管法测定了额济纳河床两层沉积物的渗透系数：上层（0～30cm）和深层（60～100cm）。上层渗透系数（记为 K_{sp}）的测定时间为 2011 年 4 月 10—21 日，深层沉积物渗透系数（记为 K_{spd}）的测定时间为 2011 年 8 月 15—20 日。先后测定了 13 个断面，分布在额济纳东河、西河干流及其主要汊流，分别以 Ts1～Ts13 命名，如图 5.3 所示。在每一个测定断面上，根据主河道的水面宽度，确定测点的个数，K_{sp} 的测点数一般为 5～8 个。根据测点距河右岸的距离，对各测点进行编号，如在 1 断面的距右岸最近的测点命名为 Ts1 - 1，稍远的测点命名为 Ts1 - 2，以此类推。

选取位于额济纳东河中上段（距离狼心山水文站约 55km 处）的典型河床断面布设了河流-含水层系统温度与水位同步观测仪器。如图 5.4 所示，在已有河岸带地下水水位监测（Ⅱ7 观测井）的基础上，在河道内增加布设河水/地下水水位观测井一口（Ⅱ7 - R），用于观测河水位的动态变化以及研究其与河岸带地下水之间的关系。所增加布设的观测井深度为 3.9m，在井内安装了地下水水位与温度自动监测探头 Solinst Leveloggers（水位量程为 5m，温度量程为 −20～80℃），监测频率为 1 次/30 分钟。

同时，在河道内共布设 3 个河床沉积物的温度观测剖面，分别距离河岸 6m、15m 和 30m。在每个剖面以 5cm、10cm、20cm、50cm、80cm、180cm 深度埋设温度探头，自动监测河床沉积物的温度变化。温度监测所采用的 PT100 温度传感器，量程为 −50～100℃，精度为 0.2℃，监测频率为 1 次/1h。河床温度剖面监测系统的试验布设如图 5.4 所示。

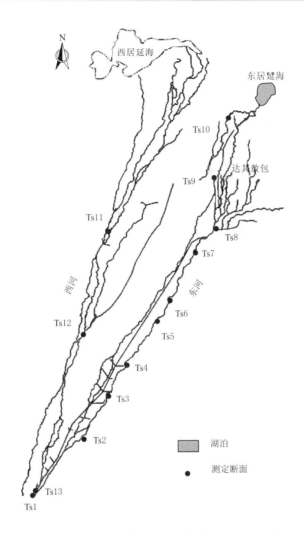

图 5.3　河床沉积物采样及渗透系数测定点分布示意图

5.3.2　河床渗透系数的空间变化特征

河床渗透系数原位测定结果表明，13 个断面的河床渗透系数 K 为 $0.02\sim53.7\mathrm{m/d}$；Ts1～Ts5、Ts7 及 Ts8 的 K 值为 $3.9\sim53.1\mathrm{m/d}$，见表 5.1。在 Ts10 处，河床表面被大约 1cm 厚的淤塞层覆盖，K 值为 $0.02\sim$ $0.1\mathrm{m/d}$。Ts9（达其敖包，见图 5.3）上游河段的河床不存在明显且连续 的淤塞层，其渗透系数变化范围为 $5.4\sim53.7\mathrm{m/d}$。因此，根据河床的沉

81

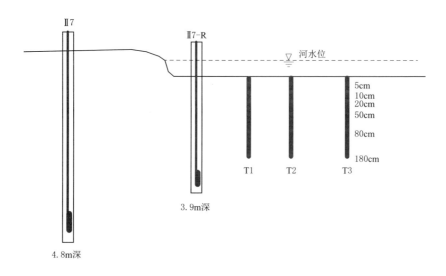

图 5.4　额济纳东河典型河段河流–含水层系统水位与温度连续监测示意图

积特征和渗透系数，以达其敖包为界，可以将整个东河分为上下段：狼心山水文站至达其敖包间的河段为上段，达其敖包至东河入湖口间的河段为下段。

表 5.1　　　　　　　　　　测定和计算的 K 值描述性统计

测定层位/cm	测定点数	最大值/(m/d)	最小值/(m/d)	平均值/(m/d)	中值/(m/d)	标准差/(m/d)	变异系数
0～6	32	53.1	3.9	19.8	16.4	13.8	0.7
6～30	63	53.7	0.02	17.6	16.8	11.8	0.7
60～100	28	81.0	2.5	41.0	38.6	19.0	0.5

K 值沿河床断面呈现不同的变化特征，如图 5.5 所示。在 Ts1、Ts2、Ts6、Ts7 和 Ts9 断面，距离河床右岸越远 K 值越小；而在 Ts3、Ts4、Ts5 和 Ts10 断面，距河床右岸距离越远 K 值越大；随着距离河床右岸的变化，Ts8 断面的 K 值没有明显的变化规律。相比之下，Ts7 断面的变化最明显，变化范围为 5.0～53.7m/d。随着距河床右岸距离的变化，整个东河的 K 值没有呈现出一致的变化规律。

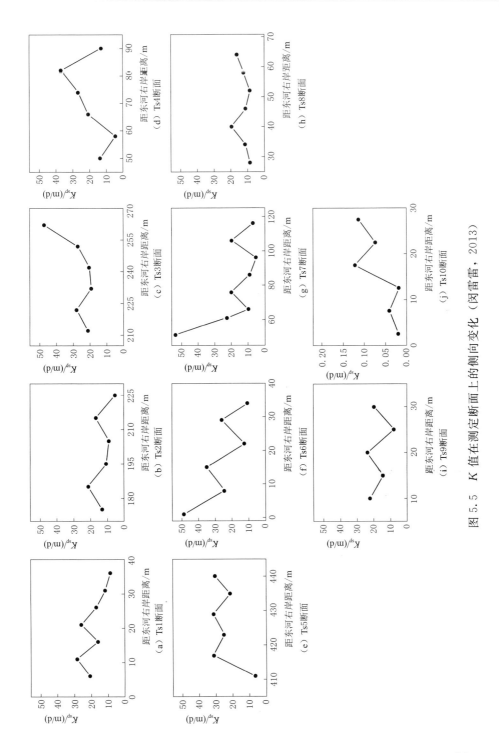

图 5.5 K 值在测定断面上的侧向变化（闵雷，2013）

在沿河程的方向上，狼心山水文站（Ts1）至达其敖包（Ts9）（东河上段，没有明显的、连续的淤塞层）K_{sp} 的算术平均值为 $12\sim27.6$m/d。然而在 Ts10（东河下段，存在连续的淤塞层），其算术平均值大约为 0.06m/d（图 5.6）。这表明淤塞层对渗透系数有强烈的影响，这种现象被 Landon（2001）和 Chen（2004）分别在普拉特河和伍德河证实。在黑河下游，其他学者通过不同的方式获得了 K 值，比如武强等（2005）通过数值模拟得出东河干流段的 K 值大约为 $5\sim17$m/d，这个值与野外试验的研究结果相一致。

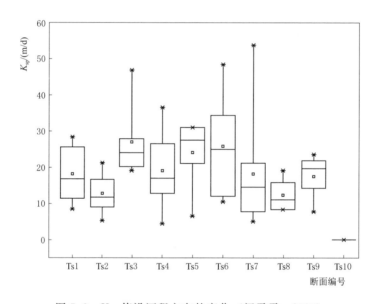

图 5.6　K_{sp} 值沿河程方向的变化（闵雷雷，2013）

对比上层（$0\sim30$cm）和深层（$60\sim100$cm）的分析结果发现，上层沉积物渗透系数的算术平均值为 $0.06\sim28$m/d，而深层沉积物渗透系数在 $22\sim65$m/d 的范围内变化，深层沉积物渗透系数明显大于上层（图 5.7）。已有研究表明，河床沉积物的非均质性会导致 K_v 值随深度变化。河床的上层沉积物容易被细颗粒的淤泥或黏土所覆盖，使上层渗透系数小于下层（Nogaro et al.，2006；Song et al.，2010；Chen，2011）；也有一些河床的上层沉积物中生物活动增加了其孔隙度，使其渗透系数大于深层沉积物（Nogaro et al.，2006；Song et al.，2010）。

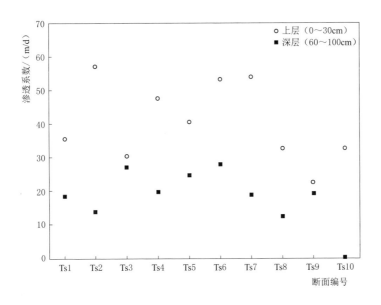

图 5.7　上层和深层沉积物渗透系数（闵雷雷，2013）

河床的垂向渗透系数受沉积物的粒径分布及沉积结构影响，这又与沉积发生时的环境有关（Leek et al.，2009）。总体上，水流越快，水深就越深、水流挟沙就越大，进而导致粗糙沉积物的沉积。因此，水深往往反映了水流强度并且可以解释 K_{sp} 的变化。此外，K 值的空间分布特征与沉积物的质地、沉积结构有关（Landon et al.，2001；Leek et al.，2009；Rosenberry et al.，2009）。即便在同一河流断面，不同地方沉积物粒径大小的分布变化显著，K 在横断面上也存在变异性。

5.3.3　河床渗透系数的时间变化特征

河水位与河岸带地下水水位（距河岸 75m）监测数据表明，在观测期内河水水位高于地下水水位，河水水位的变化主要受间歇性地表来水的影响，年内变幅为 1.26m。河岸带地下水水位变化受河水渗漏补给影响，其水位动态过程与河水水位变化过程一致，但地下水水位变幅（0.95m）小于河水水位变幅，且对河水水位变化响应的滞后时间为 5～7 天。

综合河床渗透性能原位试验及河流-含水层温度与水位数据分析，获得了监测断面河床渗透系数随时间的变化关系。如图 5.8 所示，受河水温度变化的影响，河床渗透系数在研究期内的变化范围为 10.3～18.1m/d，平均值为 13.4m/d。

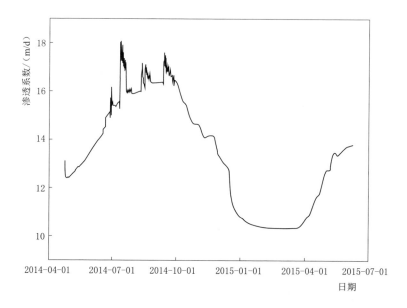

图 5.8 监测断面河床渗透系数动态变化曲线

河床沉积物剖面温度变化过程较为复杂，总体变化范围为 0～30℃。分析表明，河床沉积物温度主要受河道季节性干湿变化以及河水温度的季节性变化影响，并具有显著的季节性差异。河床温度在冬季基本维持稳定，河床表层 50cm 内的温度为 0～1℃。受低温的影响，河床渗透性能降低，河水与地下水之间的水量交换微弱。夏季，0～10cm 深度的河床温度受气温影响，存在显著的日波动过程，而 20cm 以下深度的河床温度变化平缓。春季解冻期，受河水冻融过程的影响，河床温度变化复杂，尤其是 20～50cm 深度的河床介质受较低温度的河水与较高温度的地下水之间的热对流作用影响，其温度变化较为剧烈。除此之外，河床温度变化还与水土体的热容有关，河床温度剖面显示，河床温度在夏季自表层向下递减，而秋季则反之。

5.4 河流与地下水水量交换研究的新视角

5.4.1 河床渗透性能时间变异性的温度效应

在日气温与季节性气温变化显著的地区，温度是影响河床渗透性能的重要因素。一方面，河水冷热变化会引起水的密度和黏滞性变化，进而影响河床渗透性能（Doppler et al.，2007）。Constantz 等（1994）对位于美国圣凯文峡谷的 160m 天然河段的研究发现，当河水温度从 4℃升高到 18℃，河床渗透系数约增加 38%。在河床季节性温差达到 20~25℃的中国西北黑河下游地区，因不考虑河水温度变化而导致的河水渗漏量被高估 10%~15%（Wang et al.，2017）。特别是在冬季，当河床临近冻结状态时，河床的渗透能力显著降低，而这一因素在当前的河水与地下水交换定量研究上经常被忽略。Lapham（1989）在研究不同类型河流的河水温度与河流渗漏量之间关系时，同样发现，河水温度是影响河床渗透系数变化的重要因素之一，尤其在昼夜及年内气温变化剧烈的干旱地区（Constantz，2008；Mutiti et al.，2010）。

另一方面，在季节冻融区，冬季河水冻结能够引起河水水位抬升，从而改变河水与地下水之间的水力梯度，并进而影响河水与地下水之间的水量交换强度（Weber et al.，2013）。此外，在温度梯度驱动下，冻融作用引起土壤中水分向冻结锋面迁移，并在河岸形成冰层（Cheng，1983；周幼吾 等，2000；徐敩祖 等，2001）。2012 年 3 月底，我们在野外发现额济纳东河河岸沉积物 30cm 深度处存在约 10cm 厚的地下冰层。室内实验也证实，在底部充分供水的情况下，对土柱施加垂向温度梯度，能在土壤饱和带附近快速形成一定厚度的冰层。我们推测，在季节冻土区，当河岸附近地下水水位浅、供水充分，冬季可在冻结锋面处形成一定厚度的地下冰。这种地下冰的存在，在一定程度上降低了河水与地下水在侧向上的水量交换强度。因此，在冬季随着气温下降到 0℃以下，在水深较浅的河床底部可能发生局部冻结，从而减少河床渗漏面积，降低河水与地下水的交换强度。

随着全球变暖的加剧，在多年冻土区，活动层的季节变动带来水文过程的显著变化，这种现象已受到国内外学者们的广泛关注（Walvoord et al.，2007；王根绪 等，2007；Frey et al.，2009；Wang et al.，2009；Cheng et al.，2013；Turner et al.，2014；Gao et al.，2016；Hinkel et al.，2017；Liao et al.，2017）。但是，在季节冻土区，土壤的冻融对水文过程的影响机制和影响程度如何，仍然有待进一步探索。尤其在中国西北内陆河流域下游地区，河道输水主要集中在冬季，而河床及两岸沉积物以中细砂为主，导热性较好，冬季易发生冻结，影响河水与地下水之间的水量交换。在全球变暖背景下，研究河流季节性冻融条件下的水文效应，不仅可以深化理解干旱区间歇性河流与含水层系统的相互作用过程，而且能够为中国西北干旱区内陆河流域生态配水方案的优化提供科学依据。

5.4.2　河床渗透性能空间变异性的河流水动力效应

在不同水动力条件下，河床表层细颗粒物质的冲刷与沉降过程是引起河床渗透性能显著变化的重要因素（Partington et al.，2017）。Wang 等（2017）在黑河下游河道不同水动力条件下的原位竖管渗透实验结果表明，在河水清澈的低水位期，河床渗透性能好（约 36m/d）且稳定，而在河水浑浊的高水位期，河床渗透性能随实验时间的增加而衰减。与低水位期试验相比，高水位期河床渗透性能显著下降，河床渗透系数平均为 6m/d。据 Wang 等（2017）分析，在高水位期的原位竖管渗透实验过程中，河水所携带泥沙在测管内逐渐沉降，造成河床表层淤塞层不断加厚，从而导致河床渗透性能衰减。

为了进一步证实河水所携带泥沙的自然沉降过程将导致河床渗透性能的不断减弱，于 2017 年 8 月 29 日在额济纳东河开展了清水与浊水环境下的原位竖管对比实验研究。首先向测管内注入清水，并记录竖管内水位的下降速率，直至实验结束。然后，向同一个竖管内注入浑浊的河水，并重复上述实验。对比实验的结果表明，清水条件下的水位降深随时间变化曲

线 $\ln[H_0/H(t)]-t$ 呈现线性相关，而浊水条件下，$\ln[H_0/H(t)]-t$ 曲线随着实验时间的推移，由开始的直线逐渐趋于平缓。对比实验证实了在静水条件下，浑浊河水所携带的泥沙不断沉降，引起河床表层淤塞，并导致河床渗透性能的减弱。

需要指出的是，原位竖管实验的结果反映的是静水条件下的泥沙自然沉降过程，而在河流不同水动力条件下，河道内的细颗粒物质（如黏土、粉土等）的沉降与冲刷过程十分复杂（靳孟贵 等，2017），是引起河床渗透性能时空变异性的主要因素（冯斯美 等，2013）。Doble 等（2012）发现河道内的细粒物质在一次洪水事件中将发生冲刷和沉降两个过程。在洪水前期，水流快速冲刷河床，将河床表层的淤塞层冲洗并带走，从而减少淤塞层的厚度，增加河床渗透性能（Simpson et al.，2012）。然而，在洪水末期，河水所携带的大量细小泥沙颗粒、碎屑物质以及悬浮物等又快速沉降到河床表层，再次引起河床淤塞，极大地降低了河床渗透性能（Gibson et al.，2011；Chen et al.，2013）。Wu 等（2015b）对大汶河山东省境内河段河床在洪水期前后的河床渗透性能进行了原位测试分析，结果表明：河床渗透性能在洪水之后整体下降，而且呈现出更强的空间异质性。

水位降深随时间变化曲线的显著非线性特征，是高水位期河流泥沙自然沉降过程导致河床表层淤塞的直接证据。尽管数学模型可以较好地刻画静水条件下的泥沙沉降过程（Wang et al.，2017），但实际情况远比原位竖管渗透实验条件复杂。在河道过水过程中，受河床微地貌及水流紊流强度的影响，泥沙的冲刷与自然沉降交替（或同时）发生（Partington et al.，2017）。特别是由于河流水动力条件的差异，天然河流的淤塞层并不连续，而是呈现出强烈的空间变异性（靳孟贵 等，2017）。河床渗透性能的高度时空变异性决定了河流与含水层系统水量交换研究的复杂性与不确定性。

5.4.3　干旱区河流与地下水水量交换研究的不足与展望

干旱区多发育冲积河床，河道形态及河床本身受水流冲刷作用强烈。当前，在西北干旱区内陆河下游人工输水过程中，单次流量可达到 $250\sim300\mathrm{m^3/s}$。在此流量下的一次洪水过程，能够造成河岸与河床的侵蚀与堆积。经过几次洪水过程，曾在额济纳东河河道内所布设的水位观测井被冲弯，而埋在河床下的温度观测线缆也被冲刷露出河床。可见，河床温度观测剖面的埋深是随河床冲刷与堆积过程而发生改变，增加了对温度观测数据分析的难度与不确定性。如何保证河床温度观测埋深的相对稳定是干旱区间歇性河流水热监测所面临的一个技术难题。

事实上，自 130 年前 Boussinesq 分析河流与连续冲积含水层作用规律以来（Winter，1995），伴随着实验技术和测量手段的不断发展，河流与含水层相互作用研究已从当初单一的水文地质学问题发展到集水文地质学、水文地球化学、水文学、环境生态学、气象学等多学科为一体的交叉学科。迄今为止的研究已经从不同学科角度、不同时空尺度对河流与含水层之间的相互作用机制进行深入探讨，提出了河水与地下水之间的转化模式，发展了河水与地下水交换的室内外试验方法与数值模拟技术。然而，由于河流与含水层系统相互作用是一个涉及物理、化学、生物等多要素、多相流、多尺度的复杂生物地球化学过程，这一学科仍面临诸多亟待解决的基础科学问题。

首先，河床是河流与含水层相互作用的重要物理界面，控制着河流与含水层之间的水文与生物地球化学循环过程，而河床沉积物的物质组成与结构，反过来又受到潜流带水文和生物地球化学过程的影响。目前，河流冲积作用、生物化学作用以及冻融作用与河床沉积物时空变异性之间的互馈机制尚不清楚。因此，定量识别河床沉积物变化与潜流带水文和生态地球化学过程之间的互馈关系、探究该种互馈关系对河水与地下水交换的影响（靳孟贵 等，2017）、发展河流与含水层系统交互理论（刘传琨 等，2014）是未来研究的重要方向之一。

其次，当前河水与地下水交换研究主要包含三个空间尺度：①点尺度上的河床渗透性能研究。②剖面尺度上的河水与地下水交换速率研究。③流域（河段）尺度上的水量平衡研究。尽管已有研究（Song et al.，2010；宋进喜 等，2014）指出生物扰动能够改变河床沉积物结构，是影响潜流带水文过程的重要因素，但是对于孔隙尺度上的微生物过程和潜流带水文过程认识十分有限（杜尧 等，2017）。当前，自然环境变化和人类活动对河流生态系统产生了极大的影响，表现在干旱区河床干湿交替的频次在增加、河流与含水层系统温度场在发生改变。由于微生物对水分和温度的变化十分敏感，微生物如何响应变化环境、微生物过程如何影响潜流带水文过程，这将是孔隙尺度上潜流带水文学研究的重要内容。

最后，随着高精度传感与自动监测技术的发展，实现河流与含水层系统水文与生物地球化学过程的高精度、自动化监测将成为可能（杜尧 等，2017）。在获取包括气候、水文、地质、地貌、土壤、生物等自然要素在内的大量数据的同时，如何定量识别上述要素的时空变化过程（束龙仓 等，2003）、各要素间的互馈关系及其对变化环境与人类活动影响的响应，发展能够精准刻画潜流带水文与生物地球化学过程的数值模型（Brunner et al.，2017），并解决模型时空尺度匹配、减少模型参数不确定性（Tian et al.，2015b），是我们面临的另一项挑战。

第6章

戈壁与河岸带潜水蒸发定量

6.1 干旱区潜水蒸发定量方法的提出与局限性

6.1.1 干旱区植物用水策略与地下水响应

全球旱区（Dryland）约占陆地总面积的 40%～45%（Schimel，2010；Eamus et al.，2015），该地区降水稀少、水资源匮乏、生态环境极其脆弱，对全球变化的响应十分敏感（Rammig et al.，2015）。地下水是旱区重要的水资源，也是影响自然生态系统过程、决定植被群落组成与空间格局的关键因子（许皓 等，2010）。旱区常发育深根系植被，其根系深达地下潜水面，可从潜水含水层及毛细上升区直接提取地下水（图 6.1），并通过调节根系在垂向上的分布来适应干旱环境（Orellana et al.，2012）。Meinzer（1927）在研究地下水与植被之间的关系时，将这类植物定义为地下水依赖型植物（Phreatophytes），意指希腊语的"抽水机式植被（well plant）"，以我国西北干旱区以及美国西南半干旱区广泛分布的胡杨和柽柳为代表（Sala et al.，1996；Cleverly et al.，2006；Chen et al.，2008；Wang et al.，2011b）。

有关地下水依赖型植物蒸散发过程与地下水水位动态变化之间关系的研究，可以追溯到 20 世纪 30 年代。White（1932）通过野外观测美国犹他州 *Escalante* 山谷植被覆盖条件下的潜水蒸发与地下水水位日变化过程

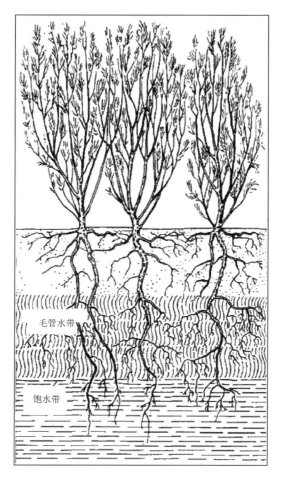

毛管水带

饱水带

图 6.1　地下水依赖型植物根系分布及其与地下水的关系示意图
（修改自 Robinson，1958）

发现，干旱与半干旱地区地下水依赖型植物在生长季的蒸散过程能够引起浅层地下水水位的周期性昼夜波动（图 6.2）。这种现象在全球旱区河岸林蒸散与地下水水位变化过程研究中被多次观测证实（Loheide et al.，2005；Schillin，2007；Gribovszki et al.，2008；Yin et al.，2013；Wang et al.，2014b；Zhang et al.，2016）。Butler 等（2007）和 Eamus 等（2015）认为地下水水位的日波动现象是生长季地下水依赖型植物根系提取利用地下水的直接证据。近年来，对旱区地下水依赖型植物区的土壤水动态监测结果表明：在日尺度上，植被蒸散不仅影响浅层地下水水位变化，深层土壤水对植被蒸散过程同样存在一个响应过程（Haise et al.，1950；Nachabe et al.，2005）。Gou 等（2014）通过对美国加州蓝橡树的季节性用水规律研究表明，旱区植被用水策略随季节性干、湿变化而变化，植物在湿季主要利用土壤水，而在旱季则更依赖于地下水。植被利用水分的这一特点不仅取决于土壤和地下水条件，同时也与旱区地下水依赖型植物根系所特有的属性密切相关（Orellana et al.，2012；Wang et al.，2021）。

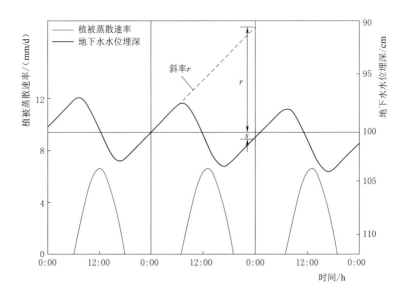

图 6.2　基于 White 假设的植被蒸散过程及其所引起的
浅层地下水水位动态变化（修改自 Wang et al.，2014）

旱区地下水依赖型植物能够根据水分条件的变化来调整自身的根系分布形态，从而保证其充分利用深层土壤水与地下水（Mäkelä et al.，2002；Fan et al.，2017；Wang et al.，2018；Wang et al.，2022）。具体表现在：在一定的地下水水位波动范围内，地下水依赖型植物能够通过调节根系在垂向上的分布来适应环境变化（Naumburg et al.，2005）。已有观测表明，地下水依赖型植物通过根系在垂向上的快速生长（最快生长速率可达15mm/d），从而适应水位持续下降的地下水环境（Vonlanthen et al.，2010；Orellana et al.，2012）。反之，当地下水水位回升时，水位以下部分根系由于缺氧而无法进行呼吸作用，从而导致这部分根系死亡（Naum-

burg et al.，2005）。井家林（2014）、徐贵青等（2009）对我国西北干旱区
地下水依赖型植物根系的研究结果同样表明，根系的垂直分布及动态与水
环境变化息息相关，而且植物毛细根具有明显的季节性变化特征（夏延国
等，2015；Wang et al.，2019）。

6.1.2 地下水水位波动法（White法）的基本假设与提出

根据干旱区植被蒸散发与地下水水位变化两者间的关系（图 6.2），
White 提出基于可观测的地下水水位日变化过程来定量研究植被蒸散的
方法，即 White 法。该方法由于所需观测项目少、简单易行，因而得到
了广泛应用。尤其是近年来，随着地下水水位自动监测技术的发展，地
下水水位高频率监测已成为可能，而且监测精度也在日益提高
（McLaughlin et al.，2011）。在此背景下，基于地下水水位动态变化的
White 法已成为干旱半干旱区潜水蒸发，尤其是河岸林植被蒸散定量研
究的最常用与有效的方法之一（Scanlon et al.，2002；Cuthbert，2010；
Carling et al.，2012）。

White 法主要基于以下四个方面的假设：①地下水水位的下降仅由植
被蒸腾作用引起；②植被蒸腾在夜间 0：00—4：00 非常微弱，蒸散量可
以忽略不计；③夜间 0：00—4：00 的地下水水位平均回升速率等于当天
地下水水位平均补给速率；④含水层给水度的确定具有代表性和可靠性
（White，1932；Loheide et al.，2005）。在上述四点假设的基础上，White
提出了基于地下水水位日变化过程的植被蒸散计算公式：

$$ET = S_y(24r + s) \tag{6.1}$$

式中：

ET——植被蒸散速率，mm/d；

S_y——含水层给水度；

r——夜间 0：00—4：00 的地下水水位平均抬升速率，mm/d；

s——24 小时内地下水水位净变化量（水位下降为正，上升为负），
mm/d（图 6.2）。

由式（6.1）可以看出，应用 White 法进行植被蒸散估算只需要野外

观测地下水水位变化及确定含水层给水度，简单方便，成本低。此外，与利用点尺度的土壤水量平衡与能量平衡计算潜水蒸发的方法相比，利用 White 法计算获得的结果能代表几百甚至上千平方米的平均蒸散速率（Healy，2010）。因此，White 法在干旱区依赖于地下水的植被蒸腾定量研究中受到广泛应用，如美国肯萨斯州阿肯色河河岸带（Butler et al.，2007）、美国怀俄明州红峡谷流域（Lautz，2008）、美国新墨西哥州的格兰德河河岸带（Martinet et al.，2009）、美国加利福尼亚州科罗拉多河（Zhu et al.，2011）、美国爱荷华州沃尔纳特河流域（Schilling，2007）、中国北方毛乌素沙漠（Cheng et al.，2013）、鄂尔多斯高原典型半干旱流域（Jiang et al.，2017），以及年降水量不足 50mm 的中国西北极端干旱区（Wang et al.，2014b；Zhang et al.，2016）等。

6.1.3　地下水水位波动法的不足与局限

尽管 White 法在旱区植被蒸散研究中得到了广泛的应用和检验，但该方法所基于的"四点假设"存在一定的局限性，从而也决定了其在植被蒸散估算上的不确定性。White 法的局限性主要表现在以下几个方面：

首先，假定夜间 0：00—4：00 的地下水水位变化速率能代表地下水位日平均侧向补给速率。然而，已有研究指出，地下水侧向补给速率在日尺度上随时间发生改变（Troxell，1936；Gribovszki et al.，2008）；因此，利用夜间 0：00—4：00 地下水水位补给速率来代表日平均地下水水位补给速率可能存在一定的偏差（Wang et al.，2019）。

其次，给水度是反映含水层释水和储水能力的一项重要指标，它在 White 法中相当于一个校正系数（Fahle et al.，2014），故其取值准确与否直接关系到植被蒸散定量计算的精度。正如 Duke（1972）所指出，含水层的给水度是一个动态变化的值，不仅与含水层的岩性与结构相关，而且受到地下水水位埋深及地下水水位波动幅度、地下水排水时间等的影响显著，同时在时间上与空间上存在很大的变异性（Chen et al.，2010）。另外，含水介质储水和释水过程所对应的给水度也有所差异（Acharya et al.，2012；Acharya et al.，2014）。自 White 法提出之时，如何合适地确定给水度就被认为是极为棘手的一个问题（White，1932）。而在 White 法实际应用中，给水度也常常是造成植被蒸散估算误差的主要来源（Loheide et al.，2005）。

再次，浅层地下水水位动态受植被类型、盖度与长势的影响，在空间上具有很大的差异性（Rosenberry et al.，1997；Martinet et al.，2009）。因此，利用单口观测井的地下水水位观测数据来估算区域尺度上的植被蒸散存在一定的不确定性（Wang et al.，2014a）。

最后，20 世纪 30 年代，Blaney 等（1930）发现干旱区植被在 20：00 至早晨 8：00 的蒸散量不足日蒸散总量的 6%，尤其在午夜至凌晨期间，植被蒸散几乎为零。然而，随着观测技术的不断进步，近来野外观测发现，某些植物在夜间仍会发生水分流失现象，表明其蒸腾作用并未完全停止（Green et al.，1989；Fisher et al.，2007）。忽略夜间植被蒸腾作用将引起蒸散计算误差，该误差甚至高达 25%（Fan et al.，2016）。同时植物根系夜间生理活动可能将深层土壤水分提取到浅层土层中，引起土壤水分再分配（Dawson，1993；Yu et al.，2013；Gou et al.，2014）。因此，假定植物在夜间 0：00—4：00 的蒸散耗水极其微弱，并在计算过程中忽略这部分耗水，可能导致计算获得的植物蒸散量被低估（Loheide，2008；Miller et al.，2010）。

除此之外，White 法在植被蒸散定量研究的精度还受到地下水水位观测仪器误差与尺度误差的影响（Beamer et al.，2013）。

6.2 干旱区潜水蒸发定量方法的主要改进与发展

6.2.1 White 法的重要发展阶段

针对 White 法所存在的不足，近年来国内外学者先后提出了一系列的改进方法（表 6.1）。改进之后的方法整体上降低了 White 法在植被蒸散定量计算上的不确定性，同时也在不同程度上提高了植被蒸散计算的精度。

同时，通过改进，White 法在植被蒸散估算的时间尺度上得到了拓宽，不仅可以计算小时尺度上的植被蒸散（Gribovszki et al.，2008；Loheide，2008；Yin et al.，2013），而且也被应用到季节尺度上的植被蒸散估算上（Wang et al.，2014a）。除此之外，与 White 法相比，一些改进之后的方法也极大地简化了较为繁琐的计算程序。比如，运用地下水水位叠加原理，通过去趋势分析（Loheide，2008）可以避免计算每天的地下水水位补给速率，即公式（6.1）中的 r。傅里叶变化（Soylu et al.，2012）和统计方差（Wang et al.，2014）的引入也在一定尺度上简化了 White 法的计算过程。下面将对 White 法近年来的一些重要改进进行归类与概述（王平 等，2018）。

表 6.1　　　White 法的重要发展阶段及主要贡献（王平 等，2018）

引用文献	主　要　贡　献
Blaney 等（1930）	观测发现 20：00 至早晨 8：00 的蒸散量小于日总蒸散量的 6%，尤其午夜至凌晨植被蒸散微弱，为 White 法"四点假设"的提出提供了依据
White（1932）	提出了基于地下水水位波动日过程的植被蒸散估算方法（即 White 法）及其"四点假设"
Troxell（1936）	指出 White 法"四点假设"之一的"地下水补给速率在日尺度上恒定"并不成立，并由此而导致 White 法所估算的植被蒸散量存在一定误差
Haise 等（1950）	观测到植被蒸散同样引起土壤水分的昼夜波动，为后来改进 White 法，利用土壤水日波动信息来估算植被蒸散提供基础
Klinker 等（1964）	实测到河水水位与地下水水位的昼夜变化具有同步性，为后来利用河水水位日波动数据进行河岸林蒸散估算提供基础
Meyboom（1965）	提出采用"速效给水度"来替代 White 法计算公式中的给水度，并建议速效给水度的取值为传统给水度的一半
Reigner（1966）	发展了基于河流水位昼夜波动的河岸林蒸散估算方法
Gerla（1992）	对 White 法进行改进，通过确定日尺度上的水位下降与补给速率来估算湿地生态系统蒸散量
Hays（2003）	分段求解地下水消耗速率与补给速率，改进了 White 法
Engel 等（2005）	运用地下水水位叠加原理，通过引入区域地下水水位变化（Δz_{ref}）一项，对 White 法进行进一步改进

引用文献	主 要 贡 献
Nachabe 等 （2005）	基于 White 法基本原理，通过计算日尺度上的土壤剖面含水量变化来估算植被蒸散量
Schilling （2007）	观测发现草地生态系统下的地下水水位昼夜波动呈阶梯状，提出了该模式下的草地蒸散估算方法
Gribovszki 等 （2008）	考虑地下水补给速率在小时尺度上的变化，改进 White 法，并满足小时尺度上的植被蒸散估算
Loheide （2008）	引入地下水水位变化去趋势分析法，改进 White 法，允许计算小时尺度上的地下水水位变化速率
Soylu 等 （2012）	引入傅里叶变换，建立植被蒸散与地下水水位波动振幅之间的线性关系
李洪波等 （2012）	利用相邻两天地下水水位恢复的平均斜率来确定 White 法计算公式中的地下水净补给量
Yin 等 （2013）	利用小时尺度的水位变化来代替 White 法计算公式中的日尺度地下水水位净变化量
Wang 等 （2014）	在 Soylu 等 （2012）改进的基础上，通过建立地下水水位日变化统计方差与植被蒸散之间的线性关系来估算植被蒸散
Wang 等 （2014a）	引入地下水水位叠加原理，提出了 White 法形式的季节性地下水水位波动法，用于计算生长季植被蒸散量

6.2.2 地下水补给速率确定的经验性改进

根据 White 假设（White，1932），植物夜间蒸腾很微弱，对水位变化的影响可以忽略。因此，引起夜间水位变化的主要因素是地下水侧向补给。据此假设，可以通过分析夜间的水位变化来确定地下水补给速率 r，并以此代表当日平均地下水补给速率。White 建议用来确定地下水补给速率的时间窗口（T_r）为 0：00—4：00，以该时段内水位抬升速率来代替当天的地下水补给速率。然而，实际研究发现，地下水补给速率的确定对 T_r 的选择非常敏感。国内外学者在采用 White 法进行植被蒸散计算过程中，常常结合研究区实际情况选择不同的 T_r，比如，前一天 18：00 至当天 6：00（Rushton，1996）、0：00—4：00（Rushton，1996）、0：00—6：00（Loheide，2008；Zhang et al.，2016）、前一天 22：00 至当天 6：00

(Miller et al., 2010) 等。

Fahle 等 (2014) 认为,尽量采用长时段的 T_r (比如,前一天 18:00 至当天 6:00) 和利用多日平均地下水补给速率能有效降低植物蒸散计算的不确定性,并提高其计算精度。Loheide (2008) 也具有类似观点,但他同时强调在日落后几个小时内,植物仍然会从含水层中提取一定数量的地下水,用以补充植物体内白天过度流失的水分。因此,在采用 White 法计算过程中,应避免对 T_r 的过度延长。由于 T_r 的选择具有较大的主观性 (Loheide, 2008),李洪波等 (2012) 推荐利用相邻两天的地下水恢复平均斜率来代替公式 (6.1) 中的 r,从而减少植物蒸散计算的不确定性。此外,考虑到植物物候随着季节变化 (日照和气温等变化) 而发生相应变化,因此在整个生长季采用固定的 T_r 并不合理。我们在前人研究的基础上发现,采用随日出及日落时间变化的动态 T_r,在减小 T_r 选择主观性的同时具有更广的普适性。

为了避免因选择 T_r 所带来的植物蒸散计算的不确定性,Dolan 等 (1984) 和 Hays (2003) 先后提出了基于地下水水位变化过程线的改进方法。根据水位变化 3 个特征值 H_1、H_2 和 L_1,Hays (2003) 将日尺度上的地下水水位变化过程分为两个时段,即水位下降期 T_1 和水位抬升期 T_2 [图 6.3 (a)]。假定 T_2 时段内的植物蒸散很微弱,其水位变化主要由地下水侧向补给所引起;此外,T_2 时段内的平均地下水补给速率能够代表 T_1 时段内的地下水补给速率。根据这一假设,Hays (2003) 提出了以下形式的植被蒸散计算公式:

$$ET = S_y \{[H_1 - L_1 + (H_2 - L_1) T_1 / T_2]\} \tag{6.2}$$

式中:

H_1——前一天最高水位,mm;

L_1——前一天最低水位,mm;

H_2——后一天最高水位,mm;

T_1——H_1 和 L_1 之间的时间段,d;

T_2——L_1 和 H_2 之间的时间段,d。

从基本假设与计算原理两个方面来看,该计算公式与 White 法没有本

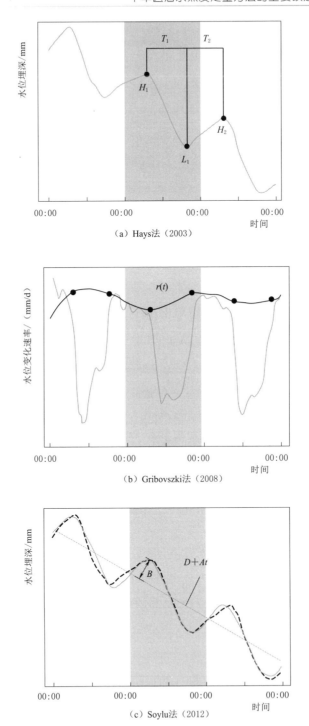

（a）Hays法（2003）

（b）Gribovszki法（2008）

（c）Soylu法（2012）

图 6.3　针对地下水补给速率的 White 法改进示意图（修改自 Fahle et al.，2014）

质的区别，但该方法避免了由于选择时间窗口 T_r 所导致的植物蒸散计算的不确定性。

6.2.3　地下水动态补给速率方法的提出

Troxell（1936）较早指出地下水补给速率受观测点至补给边界之间的水力梯度影响。Klinker 等（1964）通过观测发现，河水水位与地下水水位的昼夜变化具有同步性。但由于观测点及补给边界的水位在日尺度上均发生变化，且变幅不等，因此地下水补给速率在日尺度上是非恒定的。自 Troxell（1936）对"地下水水位补给速率在日尺度上恒定不变（White，1932）"这一假设提出质疑以来，不断有学者探索这一问题，并提出确定地下水补给速率的改进思路，以 Gribovszki 等（2008）为代表。

Butler 等（2007）通过野外观测发现，在河岸带植被茂密地区，植物生长季地下水水位存在明显的日尺度的波动；而距河岸带较远的地方，尽管地下水水位长期变化趋势与河岸带一致，但无显著的日尺度波动。受此启发，Loheide（2008）认为河岸带地下水与源区地下水水头在长期上具有相同的变化趋势，也就是说，河岸带地下水水位变化是长期地下水水位下降与日尺度消耗叠加的结果。而植物在日尺度对水分的消耗引起地下水水位逐渐降低，导致河岸带地下水与源区地下水之间的水力梯度也随之变化，进而使得地下水侧向补给速率也具有日尺度上的变化（Gribovszki et al.，2008）。为此，Gribovszki 等（2008）提出了地下水动态补给速率推算方法，以满足小时尺度上的植被蒸散估算，下文称之为 Gribovszki 法。

Gribovszki 法的核心是通过水力学法（hydraulic approach）或经验法（empirical approach）获取在日尺度上变化的地下水水位补给速率，即 $r(t)$［图 6.3（b）］。水力学法（Gribovszki et al.，2008）依托完整的地下水监测网，分析地下水流场及水力梯度变化，以达西定律为依据计算半小时或小时尺度上的植被区地下水流入与流出水量之差，进而获得日尺度上随时间变化的地下水净补给速率，即地下水水位补给速率 $r(t)$。但是，该方法需要对局部潜水含水层流动系统动态（补给、排泄、流向、含水层性质等参数）具有较精确和全面的认识，在计算上需要更多的参数，在实际操作中具有较大难度（Gribovszki et al.，2008）。因此，Gribovszki 等（2008）同时提出了利用单口地下水观测井的水位变化曲线来推算地下水水位补给速率的经验法。经验法首先计算半小时或小时尺度上的水位变化速率，并挑选其中最大值作为当天最大地下水补给速率（r_{max}）。然后，将黎明（或黎明前）时段的水位变化速率进行平均，其平均值作为当天最小地下水补给速率（r_{min}）。最后，将该日最大（r_{max}）与最小（r_{min}）地下水补给速率进行内插，即获得小时尺度上随时间变化的地下水补给速率 $r(t)$。

Gribovszki 法旨在通过夜间地下水水位补给速率来推导出补给速率与地下水水位（水力梯度）之间的关系，进而将其扩展到植物用水情境下。通过模型模拟和实际应用结果表明，该种方法不仅可以较准确地计算出地下水日蒸散量，同时可以反映出植被蒸腾速率在日尺度上的变化情况（Gribovszki et al.，2008；Fahle et al.，2014），说明两者确实在一定程度上解释了地下水水位动态变化的关键过程。

类似的研究方法包括 Reigner（1966）所发展的基于河流水位昼夜波动的河岸林蒸散估算方法以及 Loheide（2008）所提出的 15 分钟尺度上的植被蒸散估算方法。对地下水水位进行平滑处理（Loheide，2008）以及运用稳健回归方法，可以有效降低测量误差和异常值的干扰。Loheide（2008）认为，河岸带观测到的地下水水位变化是局部含水层地下水均衡状况与观测点日尺度消耗叠加的结果。因此，Loheide（2008）将地下水侧向补给速率视为观测井水位的函数，利用去趋势分析法将植被蒸散量表示为与地下水水位动态变化特征相关的函数。Loheide（2008）的改进方法是较早实现小时尺度上植被蒸散计算的方法。在此基础上，Yin 等（2013）提出了另外一种更为简便的计算方法。

$$ET = S_y [r + (H_{i-1} - H_i)] \tag{6.3}$$

式中：

H_{i-1}、H_i——$i-1$ 和 i 时刻的地下水位，mm。

6.2.4 基于水位变化叠加原理的 White 法发展

干旱区植被蒸散区的水位变化过程线是由地下水侧向补给（水平向）和

植被蒸散（垂向）共同作用所形成（Engel et al.，2005；Wang et al.，2014a）。一方面，在植被蒸散过程影响下，地下水的日间消耗与夜间恢复引起地下水水位在日尺度上近似呈现出正弦波曲线特征（Soylu et al.，2012）；另一方面，在多日至更长的时间尺度上，由于地下水的整体补给与消耗大致保持稳定，地下水水位呈现出较为一致的变化趋势（Wang et al.，2014a）。因此，如果能将地下水水位波动信号中的长期趋势与日内波动信号区分开来，则可根据后者来估算地下水日蒸散量。这种假设就是地下水研究中被广泛采用的水位变化叠加原理，其核心是假定水平向水文过程（侧向补给）与垂向水文过程（植被蒸散）两者之间互不影响（Wang et al.，2014a）。

基于水位变化叠加原理，Loheide（2008）首次将去趋势分析引入到地下水水位动态数据分析上。他认为，地下水水位变化的趋势反映地下水侧向补给过程，而去趋势之后的水位变化则反映植被蒸散所引起的水位变化强度。在此基础上，Soylu 等（2012）运用傅里叶变换法对去趋势之后的水位变化过程线进行拟合。于是，如图 6.3（c）所示，地下水水位随时间的变化率 $h(t)$ 可以表示为

$$h(t) = At + D + B\sin\left(2\pi\frac{t+E}{24}\right) \tag{6.4}$$

式中：

　　A——地下水水位多日变化斜率，mm/d；

　　t——时间，d；

　　D——平均偏差，mm；

　　B——振幅，mm；

　　E——昼夜信号相位，d。

显然，$At + D$ 代表地下水水位的变化趋势项，而后面正弦项则代表去趋势之后的地下水水位波动。但是需要注意的是，$At + D$ 同时包含了地下水日蒸散引起的水位下降趋势，仅以 $2B$ 作为日蒸散引起地下水水位下降量的话，将低估实际蒸散量。因此，Soylu 等（2012）引入系数 k 用以校正这一偏差，从而有

$$ET = S_y k(2B) \tag{6.5}$$

式中：

　　k——太阳辐射的函数，可以近似由晴空辐射计算得到，或者近似设
　　　　置为 1.9。

　　与传统 White 法不同，Soylu 等（2012）所提出的基于傅里叶变换的
改进方法，其核心是运用地下水流系统叠加原理提取由植被蒸散所引起的
地下水水位变化，并进而建立植被蒸散与地下水水位日波动振幅之间的线
性关系。该方法的显著优点是无需确定地下水侧向补给速率。然而，这一
方法，首先，不能完整地刻画由蒸散所引起的地下水水位连续变化过程；
其次，相比 White 法，计算过程更为复杂。针对上述问题，Wang 等
（2014）提出采用地下水水位日波动统计方差来替代地下水水位日波动振
幅的改进思路，其计算公式为

$$ET = S_y \frac{Z_{SD}}{\lambda} \tag{6.6}$$

式中：

　　Z_{SD}——去趋势之后的水位变化方差，mm；

　　λ——蒸发能力所具备的正弦曲线形态相关的系数（Wang et al.,
　　　　2014a）。

　　与 Soylu 等（2012）所提出的改进方法类似，Wang 等（2014）的计
算公式避免了直接计算侧向补给所引起的地下水水位变化速率，减少了
White 法及其改进方法计算结果的不确定性。同时，该方法又有别于 Soy-
lu 等（2012）的方法，主要表现在两个方面：①该方法考虑了地下水水位
连续变化过程；②该方法以水位波动统计特征为基础，能够计算不同时间
尺度（日、周、月）的植物蒸散量，保证计算更加简便，结果更为稳定。

6.2.5　基于季节性水位变化特征的 White 法拓展

　　Engel 等（2005）发现，在生长季节，木本植被覆盖的地区易观测到
昼夜水位波动现象，而临近的草地却未出现该现象。这种现象在以地下水
为主要水源的河岸带生态系统中表现得尤为典型，即在空间上，随着离河
距离的增加地下水水位逐渐下降（水源条件变化），植物种类由木本植物

逐渐向草本植物演变,同时盖度减小(景观类型变化),蒸散变弱(El-more et al.,2006;Yue et al.,2016)。除植被类型对地下水水位动态影响之外,气象条件以及含水层介质特性也是影响地下水水位波动幅度的重要因素(Loheide et al.,2005;Butler et al.,2007;Yue et al.,2016)。比如,在生长季初期与末期,由于潜在蒸发能力微弱,地下水波动信号同样微弱;相同植被蒸散强度下,含水层介质越粗,即含水层给水度越大,地下水水位波动幅度越小。因此,在植被覆盖度低、植物生长季初期或末期以及粗介质含水层条件下,基于地下水水位日波动的植被蒸散计算方法将不再适用。

针对上述问题,Wang 等(2014a)提出了利用季节性地下水水位波动信息来估算植被蒸散的解决方法。该方法主要基于以下假设:地下水流滞缓,不存在人类活动、降水、河道间歇性过水等因素引起的水位波动;侧向补给和排泄微弱且在计算时段内恒定;垂向潜水蒸发是引起地下水水位缓慢下降的最主要影响因素。该方法利用单井地下水水位连续观测资料,选择植被生长季内具有稳定地下水水位下降速率的某一时段地下水动态数据来计算该时段内植被蒸散平均强度(图 6.4)。计算公式如下:

$$ET = S_y \frac{\Delta z}{\Delta t} = S_y \frac{\Delta H - \Delta h}{\Delta t} \tag{6.7}$$

式中:

ΔH——Δt 时间段内地下水水位总变化值,mm;

Δh——Δt 时间段内地下水侧向径流所引起的潜水位变化,mm;

Δz——Δt 时间段内垂向蒸散引起的水位变化,mm。

该种方法应用的先决条件是地下水侧向补给速率在植物生长季内基本保持不变,主要适用于降水稀少、地下水侧向径流条件相对稳定的干旱区。比如,Wang 等(2014a)曾运用该方法分析计算了我国西北极端干旱区黑河下游胡杨和柽柳林地的蒸散发。对单井地下水水位动态资料分析发现,胡杨和柽柳林地的地下水水位在生长季节均出现平稳下降的趋势,而且在生长季前期与末期地下水水位侧向补给速率较为一致,满足该方法的适用条件。采用该方法所计算获得的植被蒸散速率与通过其他方法所获得

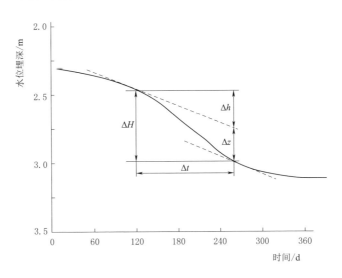

图 6.4　基于单井地下水水位动态资料计算植被蒸散示意图
［修改自 Wang et al.，（2014a）］

的植物蒸腾研究成果较为一致。

　　Wang 等（2014a）所提出的季节性水位波动法推进了地下水水位波动法在不同水文与土壤植被条件下的干旱区生态系统蒸散定量研究上的应用。该方法简单且观测成本低，适用于干旱/半干旱地区依赖于地下水的植被蒸散估算。然而，该方法的适用条件太过单一，与实际自然环境条件相差太大；且地下水侧向补给速率与时间有关，存在一定的不确定性。为了提高基于季节性水位下降估算蒸散发方法的可靠性，可借助于地下水监测站网进行地下水侧向补给速率的准确计算，提高该种方法在实际应用中的可靠性。

6.2.6　针对含水层给水度的改进

　　给水度是指饱和多孔介质在重力作用下自由排出的水体积与多孔介质的体积之比（Johnson，1967），是反映含水介质释水和储水能力的一项重要指标。给水度不仅与含水介质的性质和结构（如土壤质地、孔隙度等）有关，而且受到排水时间、水位埋深及水位变幅的影响（Johnson，1967；Cheng et al.，2013）。由于 White 法分析的是日尺度地下水水位变化，排水时间短，导致日尺度上的给水度偏小。比如，Meyboom（1965）发现采

107

用 White 法估算得到的给水度仅为其实际值的 50%。Martinet 等（2009）同样发现，尽管 White 法采用实际给水度计算得到的 *ET* 与涡动相关观测到的 *ET* 具有很好的相关关系，但是前者明显大于后者。为此，Meyboom（1965）提出以传统给水度的一半作为 White 法的给水度，并称之为"速效给水度（readily available specific yield）"来区别传统意义上的给水度。

但是，由于不同质地土壤释水速率存在差异，例如沙土释水要快于黏土；另外，由于潜水含水层上部与毛细水带相连接，地下水的变化必定包含了一部分的毛细带水分贡献，地下水埋深在一定程度上影响毛细带释水量的大小，进而影响给水度（Nachabe，2002；Orellana et al.，2012；Pozdniakov et al.，2019）。所以，Meyboom（1965）提出的方法过于经验性，在实际运用中同样存在不足。有鉴于此，Loheide 等（2005）对速效给水度的概念做进一步发展，将其时间尺度限制到 12 小时，并利用数值模拟方法，定量分析了土壤性质、地下水埋深等因素对给水度的影响，并针对不同的情景给出了速效给水度的确定方法。例如，当地下水埋深超过 1m 时，可以根据土壤质地，对照其计算的土壤质地三线图中对应的速效给水度值（Loheide et al.，2005），如图 6.5 所示。当地下水埋深小于 1m 时，可以根据 Nachabe（2002）所提出的方法进行计算。此外，含水介质

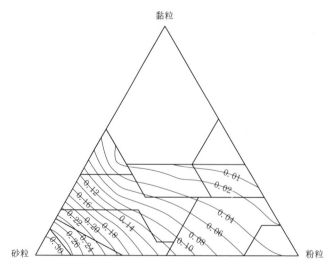

图 6.5　根据土壤质地确定速效给水度的三角坐标图解法

（修改自 Loheide et al.，2005）

在储水和释水过程由于孔隙气压等因素影响，其水量变化通常存在差异，而给水度的概念则仅对应释水过程水量变化，严格来讲并不等同于单位水头上升时所需水量（Nachabc，2002）。针对这 问题，Acharya 等（2012）运用储水孔隙和释水空隙的概念，对这两过程分别给出了解析解，在实际运用中取得了较好的结果，并将 White 方法扩展到降雨情境下（Acharya et al.，2014）。

针对传统给水度计算过程中忽略了毛管作用储存水量的问题，Crosbie 等（2005）基于包气带土壤水分运动过程分析，建立了给水度 S_y 与完全给水度 S_{yu}、土壤水分特征曲线 van Genuchten 模型参数 α、n，以及潜水面埋深变化之间的关系：

$$\left.\begin{aligned} S_y &= S_{yu} - \frac{S_{yu}}{\left[1+\left(\alpha\dfrac{z_i+z_f}{2}\right)^n\right]^{1-\frac{1}{n}}} \\ S_{yu} &= \theta_s - \theta_r \end{aligned}\right\} \tag{6.8}$$

式中：

θ_s——饱和含水率；

θ_r——残留含水率；

z_i——潜水位起始埋深，mm；

z_f——潜水位终止埋深，mm。

与之前的给水度确定方法相比，Crosbie 等（2005）所提出的方法不仅考虑了地下水水位埋深变化以及包气带水分运移的影响，具有很强的物理机制，而且计算简便，并在实践中得到了应用（Wang et al.，2014a；Wang et al.，2014）。

除了上述提及的理论方法计算和推导外，一些实验和经验方法也可以有效地获取给水度。例如，Cheng et al（2013）通过野外采集样品进行室内排水实验，将 24 小时内单位水头变化引起的单位面积土柱水分变化作为给水度。但是，该方法采样困难，样品采集过程对土壤性状可能产生很大扰动，仅适用于比较均匀纯净的沙质土壤（Loheide et al.，2005）。

Miller 等（2010）利用水量平衡推算出干旱期（无降水）地下水蒸散速率，根据地下水水位波动反推出含水层给水度，然后通过最小残差法推算出给水度。这种方法为岩性复杂的碎屑岩类含水层或裂隙含水层给水度的确定提供了思路。Gerla（1992）则提出根据降水入渗速率与水位抬升的比值来确定给水度，该方法随后也被其他研究所采用。然而，该方法要求降水的湿润锋面必须能够到达地下水面，仅适用于地下水位浅、包气带含水量高且性质均匀的湿润湿地生态系统，对于包气带厚度较大的地区则不适用。

6.3　额济纳三角洲戈壁与河岸带潜水蒸发定量研究

6.3.1　野外实验设计及地下水观测

潜水蒸发是黑河下游额济纳三角洲浅层地下水消耗的主要途径，其定量研究是干旱区水资源评价的一项重要研究内容。本节选取 4 口具有代表性的浅层地下水水位观测井（井深小于 15m）为研究对象，其中观测井 G1 与 G3 位于河岸带，G4 位于戈壁带，而 G2 位于河岸与戈壁交接带（图 6.6）。以上 4 口观测井均位于当地围栏封育区内，且方圆 5km 范围内没有农田、工业区与居民点。根据野外调查发现：此处地形平缓，地下径流微弱（水力梯度约为 10^{-3}），且随时间变化不大，浅层地下水主要消耗于蒸发。2010—2012 年期间，G1～G4 观测井的地下水水位平均埋深为 1.7～3.8m，与整个三角洲中上段的地下水水位埋深（通常在 1～4m）较为一致。因此，上述 4 口观测井的地下水动态在本研究区戈壁-河岸带潜水蒸发定量研究上具有较好的代表性。

本次研究采用 Eijkelkamp 公司生产的 Mini Diver 地下水水位自动记录仪进行地下水水位动态观测（监测频率为每 30 分钟一次），同时利用 Baro-Diver 探头进行大气压力同步观测，并对地下水水位自动记录数据进行气压波动校正。用于分析的 2010 年 4 月至 2012 年 3 月期间的地下水水位自

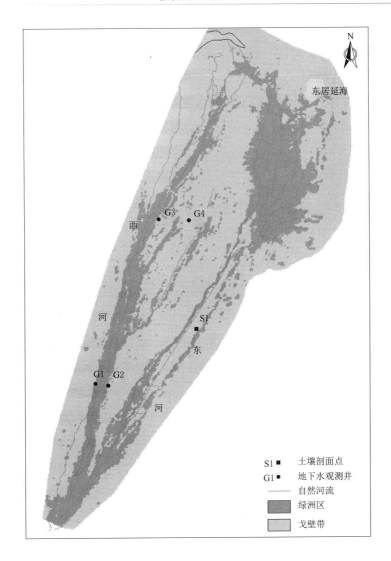

图 6.6　额济纳三角洲土壤剖面点和地下水观测井分布图

动监测数据，其测量精度为±5mm。为了分析包气带土壤类型及其结构特征对潜水蒸发定量计算的影响，在研究区选取典型土壤剖面点 S1（图 6.6）进行土壤岩性组成与结构研究。按土壤沉积结构特征分层采样，并在中国农业大学水利与土木工程学院实验室对各层土样进行粒径组成分析（筛分与沉降法相结合）和干容重测定（称重法）。研究采用 Wang 等（2014a）提出的利用单井地下水水位波动法［式（6.7）］来定量研究额济纳三角洲戈壁-河岸带潜水蒸发。

6.3.2 包气带土壤岩性、结构特征及 van Genuchten 模型参数

根据土壤剖面形态特征的野外调查，土壤剖面点 S1 在 0～250cm 深度范围内共可划分为 6 层。对每层土样的颗粒分析结果显示（表 6.2），土壤剖面上部（0～95cm）的含沙量最高，超过总含量的 80%。在 95～200cm 深度内，含沙量随着深度的增加呈现递减趋势，而粉粒与黏粒的含量则依次增加。在土壤剖面的最底层（200～250cm），砂粒含量再次增加至总含量的 50% 左右，而粉粒和黏粒的含量分别约占 30% 和 20%。受土壤颗粒组成及其密度、压实程度等影响，上述各层土壤的干容重为 1.54～1.88g/cm³。采用美国土壤三角分类方法（美国农业部分类制）对土壤类型进行判别（表 6.2），结果表明 0～10cm 为壤质砂土，10～95cm 为砂土，95～150cm 为黏土，150～200cm 为粉质黏土，200～250cm 为砂壤土（图 6.7）。

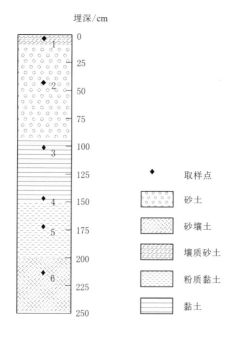

图 6.7　典型土壤剖面岩性结构特征

利用美国国家盐改中心（United States Salinity Laboratory，USSL）

所开发的 RETC 软件，根据土壤颗粒组成（美国农业部分类制）和干容重，通过土壤转换函数功能获得了 van Genuchten 模型中各土层的土壤水力特性参数，结果见表 6.2。

表 6.2　　土壤剖面基本物理性质及其 van Genuchten 模型参数

编号	基本物理性质				土壤结构类型	van Genuchten 模型参数			
	砂粒/%	粉粒/%	黏粒/%	干容重/(g/cm³)		θ_s/(cm³/cm³)	θ_r/(cm³/cm³)	α/(cm⁻¹)	n
1	83	9	8	1.76	壤质砂土	0.0441	0.3164	0.0399	1.7107
2	98	2	0	1.54	砂土	0.0516	0.3716	0.0316	4.2685
3	45	42	13	1.88	黏土	0.0328	0.2815	0.0358	1.2231
4	21	53	26	1.55	黏土	0.0712	0.3893	0.0076	1.5266
5	9	48	43	1.60	粉质黏土	0.0876	0.4145	0.0117	1.3544
6	49	30	21	1.57	砂壤土	0.0574	0.3741	0.0172	1.3839

6.3.3　侧向补给速率、含水层给水度与潜水蒸发强度

通过对观测井 G1～G4 地下水水位动态数据进行分析，可以看出河岸带地下水水位波动最为强烈，其中位于西河中上段的观测井 G1 水位变化最大，达 1.90m，而位于西河中下段的观测井 G3 水位变化次之，变幅为 0.79m。远离河岸带的地下水水位波动相对较弱，其中位于河岸与戈壁相邻地带的观测井 G2 水位变化为 0.67m，而位于戈壁带的观测井 G4 水位变化甚微，仅为 0.37m。为了分析侧向径流对地下水水位波动的影响，选取无大气降水和西河过水，且全年蒸发最弱的冬季（2010 年 11 月 15 日至 12 月 15 日）来进行侧向补给速率计算。由表 6.3 可见，侧向径流所引起的潜水位变化速率 r 在 4 口观测井所在的位置上存在较大的差异，其中最小值为 −0.20mm/d（观测井 G4），最大值为 0.60mm/d（观测井 G3）。从空间上来看，河岸带（观测井 G1、G3）地下径流以侧向排泄为基本特征，从而造成地下水水位的持续下降（r 为正值），而戈壁带（观测井 G2、

G4）则相反，地下径流以侧向补给为主，并引起地下水水位的缓慢回升（r 为负值）。

表 6.3　　侧向补给速率（r）、含水层给水度（S_y）及潜水蒸发强度（ET_G）计算结果

观测井编号	计算时段	ET_0/(mm/d)	z_i/m	z_f/m	z_a/m	r/(mm/d)	$\Delta h/\Delta t$/(mm/d)	S_y	ET_G/(mm/d)
G1	2010 年 6 月 7 日至 8 月 23 日	7.25	1.96	2.38	2.17	0.05	5.58	0.13	0.72
	2011 年 6 月 1 日至 8 月 7 日	7.27	2.03	2.42	2.23		5.98	—	—
G2	2010 年 6 月 1 日至 8 月 31 日	7.08	1.40	1.77	1.59	−0.50	4.26	0.09	0.43
	2011 年 6 月 1 日至 8 月 31 日	6.80	1.60	1.90	1.75		3.38	0.09	0.35
G3	2010 年 6 月 1 日至 8 月 21 日	7.23	3.63	3.81	3.72	0.60	2.29	0.16	0.27
	2011 年 6 月 1 日至 7 月 13 日	7.26	3.70	3.86	3.78		3.62	—	—
G4	2010 年 6 月 1 日至 8 月 17 日	7.31	2.47	2.70	2.59	−0.20	3.06	0.14	0.46
	2011 年 6 月 2 日至 7 月 24 日	7.36	2.62	2.77	2.70		2.88	0.15	0.46

由图 6.8 可以看出，在 2010 年与 2011 年的 6—8 月期间（计算时段 Ⅰ与 Ⅱ），所有观测井的地下水水位均呈现持续下降的特征。这两个时段内，除 2010 年 7 月 18—24 日期间西河短时间过水之外（平均流量为 5.4m³/s），西河整体处于干涸状态，而且距离上次过水时间均在一个月以上。因此，可以排除上述时段内西河河水入渗对河岸-戈壁带浅层地下水水位变化的影响。同时，6—8 月也是该地区全年蒸发最强的季节，根据 Penman-Monteith 公式计算结果表明：Ⅰ与 Ⅱ时段内的平均潜在蒸发能力（ET_0）分别为 7.09mm/d 与 6.80mm/d。因此，上述时段内浅层地下

水水位的动态变化主要受到潜水蒸发和地下水径流的影响，并可以根据这一期间具有稳定下降速率的地下水水位动态资料来进行潜水蒸发计算。

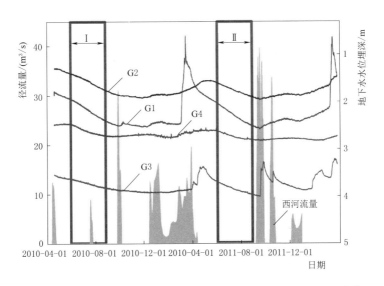

图 6.8　西河地表径流（Q）及观测井地下水水位埋深（Z）变化
（Ⅰ与Ⅱ分别代表潜水蒸发计算时段）

从 $\Delta h / \Delta t$ 的计算结果来看（表 6.3），计算时段内观测井 G1 的地下水水位稳定下降速率最大，观测井 G2 次之，而观测井 G3 和 G4 最小。由于河岸带和戈壁带地下水径流条件的差异，对于相同地下水位埋深，河岸带的水位下降速率明显大于戈壁带。需要指出的是，由于 2010 年 12 月至 2011 年 4 月西河长时间的过水（图 6.8），从而引起河岸带侧向补给速率的持续变化。然而，我们所选择的侧向补给速率计算时段为 2010 年 11 月 15 日至 12 月 15 日，无法确定 2010 年 12 月之后河岸带侧向补给速率的变化，故将不予考虑利用 2011 年河岸带（观测井 G1 和 G3）的水位变化资料进行潜水蒸发计算。

在含水层给水度的定量计算上，本书充分考虑潜水位变动带土壤的 van Genuchten 模型参数（表 6.2）以及初始与终止潜水面埋深（表 6.3），结合公式（6.8）对每口观测井的给水度分别予以计算。这里假定 2～4m 埋深的包气带岩性特征及土壤物理参数不发生变化。由表 6.3 可见，含水层给水度在 0.09 与 0.16 之间变化，并且随潜水位变动带埋深的增加而不断增大。将上述计算获得的 r、$\Delta h/\Delta t$ 以及 S_y 值分别代入式（6.7），即可得出观测井 G1～G4 所在位置的平均潜水蒸发强度。由表 6.3 可见，当平均地下水水位埋深（表 6.3 中 z_a 值）在 1.59～3.78m 范围内变化，其 6—8 月的平均潜水蒸发强度为 0.27～0.72mm/d，仅占同期大气蒸发能力 ET_0 的 3%～10%。

6.3.4　地下水水位埋深和地表植被对潜水蒸发强度的影响

干旱区潜水蒸发主要受到气象因素（如降水、日照、气温、湿度、风速等）和土壤输水能力的影响，其中土壤输水能力的大小主要取决于潜水位埋深、包气带土壤岩性结构特征以及地表植被覆盖状况等。由于气象因素在观测井 G1～G4 所分布的区域内相对比较稳定，因此，土壤输水能力的强弱决定了潜水蒸发能力在空间上的差异性。由图 6.9 可见，平均地下水水位埋深（z_a）与潜水蒸发强度（ET_G）整体上呈现负相关关系，即随着潜水位埋深的不断增加，其蒸发强度整体上存在明显的递减趋势。对于同一观测井 G2 来说，当潜水平均埋深从 1.59m 增加至 1.75m 时，其平均蒸发强度则相应由 0.43mm/d 下降至 0.35mm/d。已有的研究表明，在额济纳地区，当地下水水位下降至地表 5m 以下，其潜水蒸发就基本停止。

地表植被状况的不同在很大程度上决定了河岸带与戈壁带潜水蒸发强度的差异。观测井 G1 附近的地表植被以荒漠河岸灌木林（柽柳-杂草类）为主，与观测井 G3 相邻的河床，由于地下水水位较浅，其地表植被以湿生草本植物为主，而观测井 G2 和 G4 一带的地表植被以荒漠戈壁超旱生灌木（如麻黄、红砂、白刺、骆驼刺等）为主。尽管河岸带的观测井 G1 平均水位埋深大于河岸-戈壁交接带的观测井 G2 约为 40～60cm，但前者在 6—8 月的潜水蒸发强度几乎是后者的两倍（表 6.3）。由此可见，在典型生长季，由于河岸带灌木林根系吸水作用的影响，致使潜水蒸发能力大幅度提高。

干旱区潜水蒸发的动力学过程本身极为复杂，而且潜水蒸发的众多影响因素在时空尺度上具有很大的不均匀性和变异性。因此，在利用地下水水位波动法进行干旱区潜水蒸发定量研究的过程中，需要加强对潜水蒸发

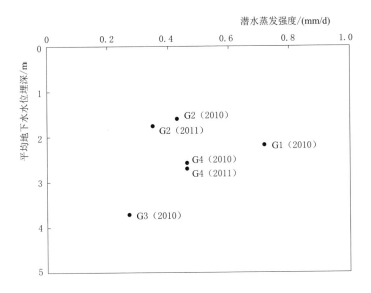

图 6.9　潜水蒸发强度（ET_G）与平均地下水水位埋深（z_a）之间的关系

主要影响因素的同步观测与实验研究。同时，采用高时间分辨率的地下水动态监测资料进行日尺度的潜水蒸发计算必将成为干旱区潜水蒸发定量研究的一种趋势。

6.4　基于地下水水位波动法的潜水蒸发研究展望

根据日尺度地下水水位变化与植被蒸散之间的关系，White 提出了利用单井地下水水位观测数据来计算植被蒸散的研究方法。该方法具有物理机制，所需参数少，计算简便，而且野外观测成本低，因此得到了广泛的应用。与此同时，随着对植被蒸散过程认识的不断深入以及观测技术手段的不断发展，White 法应用的"四大假设"条件在近年来受到了质疑。围绕"四大假设"所开展的 White 法改进成为定量研究干旱区地下水依赖型植物蒸散的热点。其中，以地下水叠加原理（Wang et al.，2014a）为理论基础的去趋势分析技术（Loheide，2008）为 White 法改进提供了新的思

117

路。在此基础上所发展的基于傅里叶变化（Soylu et al.，2012）和统计方差（Wang et al.，2014）的两种新方法，避免直接计算地下水侧向补给速率，降低了计算结果的不确定性。另外，随着地下水观测技术的发展，运用高频地下水水位观测数据（15 分钟或 30 分钟一次）已经可以计算小时尺度上的蒸散速率（Gribovszki et al.，2008；Yin et al.，2013）。对于地下水水位日波动信号较弱的地区，类似于 White 假设的季节性地下水水位波动法则拓展了 White 法的运用条件（Wang et al.，2014a）。

尽管 White 法在近年来得到了进一步的完善与发展，但是该方法基于单口观测井的地下水水位观测资料分析。对于一个完整的河岸带生态系统而言，其地下水水位在日尺度上的波动幅度与特征存在很大的空间差异性，单口观测井的地下水水位动态变化或许难以代表整个生态系统下的平均水平。因此，在定量区域尺度的植被蒸散上，该方法的应用可能导致一定的误差。为此，在采用 White 法进行干旱区植被蒸散研究中，要根据生态系统的整体特征以及水文地质条件，合理布设地下水监测网，降低利用单口观测井的水位观测资料所可能带来的植被蒸散计算误差。不仅如此，通过综合分析区域气象、土壤、植被条件以及地下水动态观测资料（Eamus et al.，2015；Gou et al.，2015），White 法能够与地下水-土壤-植物-大气连续体（GSPAC）系统模拟相结合，将点尺度植被蒸散发规律应用到区域蒸散发估算上（Gou et al.，2014；Niu, Paniconi, et al.，2014；Niu, Troch, et al.，2014；Yuan et al.，2015；Wang et al.，2018）。

另外，干旱区植被蒸散的动力学过程本身极为复杂，由植被蒸散引起的地下水水位波动与多种自然环境因素密切相关（Yue et al.，2016），而且上述影响因素在时空尺度上又具有很大的不均匀性和变异性。因此，在利用地下水水位波动法进行干旱区植被蒸散定量研究的过程中，需要加强对植被蒸散主要影响因素的同步观测与实验研究。此外，White 法最初仅是用来估算干旱区地下水依赖型植被蒸散量。若结合水量平衡分析、遥感蒸散定量模型以及陆表蒸散发的观测，地下水水位波动法可在干旱区蒸散发定量及水分来源研究方面得到进一步发展（Newman et al.，2006；Orellana et al.，2012）。

118

第 7 章

生态输水以来地下水均衡变化评估

7.1 地下水系统模拟

地下水数值模拟法能够较好地反映复杂条件下的地下水流状态，具有较高的仿真度，已成为当前地下水资源评价中的重要研究方法。随着科学技术的发展，在人机交互、计算机图形学等可视化技术推动下，国际上地下水模拟软件得到了快速的发展，出现了一批功能强大且应用广泛的地下水数值模拟软件，主要有 MODFLOW、VISUAL MODFLOW、FEFLOW和 GMS 等（薛禹群 等，2007）。这些地下水数值模拟软件用于研究地下水流和溶质运移等问题，它们以其有效性、灵活性和相对廉价性在地下水数值模拟研究中发挥着越来越重要的作用，极大地提高了地下水数值模拟的效率（徐永亮，2013）。

7.1.1 地下水模型边界

黑河下游的地下水主要来源于河流的补给，但河流对于地下水的补给范围是有限的。闵雷雷（2013）通过分析 2010—2011 年来水时典型断面地下水水位动态得出的结论为 1km 范围以内的观测井地下水水位受额济纳河流渗漏补给影响显著，超过 7km 的观测井地下水水位受河道来水影响十分微弱。赵传燕等（2009）对比分析了 2001 年和 2006 年黑河下游两个典型的地下水观测断面的水位变化，得出的结论为 20km 处的观测井地下水水位在河道过水后仍能观察到微弱变化。距河道 20km 可以被认为是额济

纳河流对地下水水位变化的最大影响范围。为此，本书以距离河道 20km
建立缓冲区，划定地下水数值模拟区域（图 7.1），用来评价生态输水以来
的地下水均衡变化。

图 7.1　额济纳三角洲地下水资源评价数值模拟范围

地下水数值模拟区边界的具体确定方法如下：首先，通过分析与调查
提取了狼心山以下黑河干流（东河和西河）河道；然后，运用 Arcmap 在
河道两侧生成 20km 的缓冲区；最后，结合额济纳盆地东北和西北部的自
然边界，确定模拟区东西边界线（图 7.1）。换言之，进行水资源评价的本
次地下水数值模拟区域范围具体为南至狼心山，北至额济纳自然边界，东
西各至额济纳东河和西河外 20km 缓冲区边界处，涵盖东居延海、西居延
海和天鹅湖，总面积约 1.4 万 km²。

7.1.2　含水层概化

第四纪地层是地下水数值模拟区范围内含水层系统的主体。这一地区广泛分布着第四纪松散沉积物，自南向北沉积物颗粒逐渐变细。地下水数值模拟区西南部含水层主要由冲洪积砾石、砂砾石所组成，局部夹有黏土、亚黏土透镜体，透镜体的范围和厚度不大，含水层一般厚150～200m，局部可达250m，为单一的潜水含水层结构。分布于地下水数值模拟区北部的第四纪含水层成因较为复杂，它由来自北部的不同时期的洪积物、冲积物和来自南部的河流冲积物、湖积物等组成，岩性主要为砂、砂黏土和黏土，基底为砂岩，为单一的潜水含水层结构。地下水数值模拟区中部为潜水-承压水双层含水层结构，相对隔水层主要由黏土、亚黏土组成，厚度一般为5～15m，顶板埋深一般为30～50m，含水层厚度为100～200m。多层结构含水层主要集中分布在研究区北部的赛汉陶来-达来呼布一带，含水层总厚度一般为150～180m，局部地段可达300m，含水层岩性以中细砂、粉细砂，黏土夹层为主，相对隔水底板埋深一般为40～50m。

姚莹莹（2016）在该地区地下水数值模拟研究中将含水层系统概化为五层，分别为潜水含水层、第一弱透水层、第一层承压含水层、第二弱透水层、第二层承压含水层。徐永亮（2013）对这一地区地下水数值模拟过程中将地下水含水层概化为三层，分别为潜水含水层、弱透水层、承压含水层。因本书主要模拟分析潜水含水层与地下水之间的水量交换，故将第一弱透水层下方的承压含水层和弱透水层都概化成一层，即深层承压含水层。如图7.2所示，本次地下水数值模拟将地下水含水层系统概化为潜水含水层（上部）、弱透水层（中部）和承压含水层（底部）。

7.1.3　水文地质参数分区

水文地质参数是反映含水层或透水层水文地质性能的指标，如渗透系数、导水系数、水位传导系数、压力传导系数、给水度、储水系数、越流

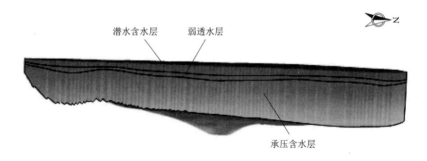

图 7.2　地下水数值模拟区含水层概化示意图

系数等。本次地下水数值模拟主要用到的水文地质参数包含渗透系数和给水度。在各向同性介质中，渗透系数为单位水力梯度下的单位流量，表示流体通过孔隙骨架的难易程度。通常情况下，渗透系数越大，岩石或土层的渗透性越好。给水度是指衡量岩土给水性能大小的数量指标，即含水层给水和储蓄水量能力的指标。它是地下水资源评价和地表水与地下水联合调度计算中最主要的参数，直接影响地下水资源评价精度和水位动态预报的可靠性。影响给水度的因素很多，如土壤结构、地下水埋深、气温和蒸散发等。

在地下水数值模拟区范围内，自西南向东北方向，含水层颗粒组合越细，透水性越差。依据武选民等（2002）对额济纳盆地水文地质分区结果，将含水层水文地质参数划分为 6 个区域，如图 7.3 所示。各水文地质参数分区的渗透系数、给水度和导水系数初始值参考前期研究成果（闵雷雷，2013；徐永亮，2013；张学静，2020；Vasilevskiy et al.，2022），详见表 7.1。

表 7.1　　　　　　　　　　地下水数值模拟水文地质参数

水文地质分区号	垂向分层号	渗透系数/（m/d）	给水度（储水系数）	含水层厚度/m	导水系数/（m²/d）
1	1	40.5	0.14	25	1012.5
	2	40.5	0.0017	37.5	1518.75
	3	40.5	0.0028	152	6156

水文地质分区号	垂向分层号	渗透系数/（m/d）	给水度（储水系数）	含水层厚度/m	导水系数/（m²/d）
2	1	25.5	0.12	25	637.5
	2	5	0.0017	37.5	187.5
	3	21	0.0028	152	3192
3	1	17.5	0.10	25	437.5
	2	4	0.0017	37.5	150
	3	25	0.0028	152	3800
4	1	15	0.08	25	375
	2	5	0.0017	37.5	187.5
	3	15	0.0028	152	2280
5	1	3.5	0.05	25	87.5
	2	3.5	0.0017	37.5	131.25
	3	3.5	0.0028	152	532
6	1	4.5	0.09	25	112.5
	2	4.5	0.0017	37.5	168.75
	3	4.5	0.0028	152	684

注　垂向分层号1、2、3分别指的是潜水含水层、弱透水层、承压含水层（如图4.2）。

不同岩性含水层给水度经验值见表7.2。

7.1.4　边界条件概化

地下水数值模型的边界条件主要包括顶底板边界和侧向边界。顶底板边界指的是区域潜水含水层系统的底部和顶部边界。区内第四纪含水层的底板为侏罗纪、第三纪的泥岩及砂质泥岩，局部地段为震旦界大理岩（武选民 等，2002）。据钻孔资料揭露其透水性微弱，可将其视为研究区含水层系统的统一隔水底板。含水层系统的顶部为气-土界面。该界面与潜水

123

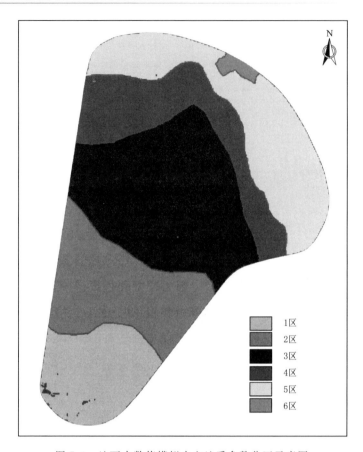

图 7.3　地下水数值模拟水文地质参数分区示意图

表 7.2　　　　　不同岩性含水层给水度经验值（曹剑峰 等，2006）

岩　性	给水度	岩　性	给水度
黏土	0.02～0.035	细砂	0.08～0.11
亚黏土	0.03～0.045	中细砂	0.085～0.12
亚砂土	0.035～0.06	中砂	0.09～0.13
黄土状亚黏土	0.02～0.05	中粗砂	0.10～0.15
黄土状亚砂土	0.03～0.06	粗砂	0.11～0.15
粉砂	0.06～0.08	黏土胶结砂岩	0.02～0.03
粉细砂	0.07～0.10	裂隙灰岩	0.008～0.10

面之间的非饱和带是联系大气降水、地表水与地下水的纽带，将非饱和带与饱和带作为统一体来考虑，该边界存在大气降水、地表水和灌溉水的入渗补给及潜水的蒸散发。

地下水数值模型的侧向边界可以概化为第二类边界。根据 Wang 等（2013）的研究结果，地下水模拟区西南部受上游鼎新盆地地下水侧向补给。陈建生等（2004）指出祁连山的融雪降水经山前断裂补给巴丹吉林沙漠，并顺着古日乃断层补给额济纳盆地。张竞等（2015）同样指出额济纳绿洲受巴丹吉林沙漠侧向补给。因此，在模型中，地下水模拟区的东部边界被概化为流量边界。相比之下，地下水模拟区北部受外围基岩裂隙水及基岩裂隙孔隙水的少量补给（武选民 等，2002）。地下水模拟区西部紧邻戈壁，主要地层为侏罗纪碎屑岩类裂隙水和基岩裂隙水，对研究区的补给甚微，可以忽略不计（武选民 等，2003）。因此，将模拟区的边界近似概化为流量边界 1、流量边界 2、流量边界 3 和零流量边界，如图 7.4 所示。

武选民等（2003）指出额济纳盆地受到地下水侧向补给共 1.4 亿 m^3/a，其中来自东南部的巴丹吉林沙漠和南部鼎新盆地的地下水补给共 1.36 亿 m^3/a，而来自北部的基岩裂隙水补给仅 0.04 亿 m^3/a。王丹丹（2014）分析得到鼎新盆地对额济纳盆地的地下水侧向补给量为 0.71 亿 m^3/a。张竞等（2015）研究得到巴丹吉林沙漠地下水补给额济纳盆地的水量为 0.20～0.65 亿 m^3/a。根据上述几位学者的研究结果，初步确定三条流量边界的地下水侧向补给量，见表 7.3。

表 7.3　　　　地下水数值模型流量边界的地下水侧向补给量

地下水侧向补给来源	补给量/（亿 m^3/a）	参考文献
北部基岩裂隙水补给	0～0.04	武选民 等，2003
南部鼎新盆地地下水补给	0～0.71	王丹丹，2014
东南部巴丹吉林沙漠地下水补给	0.2～0.65	张竞 等，2015

由于地下水模型的含水层被概化为三层，且每层分为 6 个水文地质单元，随着含水层导水系数的不同，地下水侧向补给量也不一。因此，边界流量的设置还需按照导水系数的比例将每段边界的初始流量分配至各层。

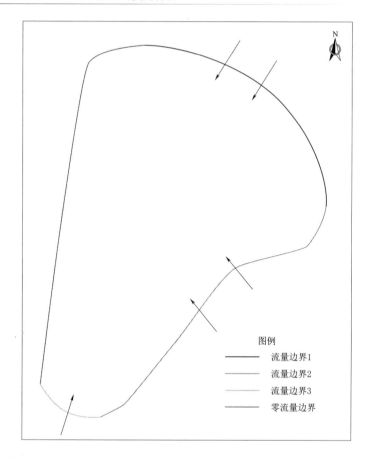

图 7.4 地下水数值模型边界条件概化示意图

7.1.5 源汇项处理

地下水数值模拟区第四纪含水层的源汇项，主要包括大气降水的入渗补给、季节性河流的垂向渗漏补给、相邻含水层的侧向补给、灌溉水回归入渗补给、潜水的蒸散发排泄（土壤蒸发和植物蒸腾的总和），以及工业生产、居民生活和农田灌溉对地下水的开采。

1. 降水入渗补给

地下水数值模拟区降水稀少，模拟时段内年均降水量不足 50mm，降水多集中在 6—8 月，占全年降水量的 70%～80%。虽然降水对含水层地下水的直接补给极少，但降水对土壤含水量的变化具有重要的作用，而土

126

壤含水量的增加将减少地下水随毛细管的上升水量。因此，降水补给不可忽略。大气降水量数据来源于额济纳旗气象局国家基准气候站观测场实测数据，降水入渗系数取值为 0.1（武选民 等，2002）。在地下水数值模型中，Recharge（RCH）程序包用来计算大气降水的入渗补给量。降水对地下水的入渗补给量计算公式为

$$Q_{rch} = R \times A \tag{7.1}$$

式中：

Q_{rch}——降水对地下水的入渗补给量，m^3/d；

R——降水入渗补给速率，m/d；

A——计算单元网格面积，m^2。

2. 河水渗漏补给

黑河是流入额济纳地区唯一的地表河流。黑河水的入渗是这一地区地下水补给的最主要方式，也是研究区地表水与地下水交换模拟的关键和地下水资源均衡变化计算的核心。黑河在额济纳旗狼心山水文站处分为额济纳东河和额济纳西河两条汊河。额济纳东河在下游昂次闸处又分出多个支汊，根据野外调查结果，仅 4 条分汊河道经常性流水（图 7.5），其他分汊河道常年干涸。故将地下水数值模拟区内的河道概化为额济纳东河和额济纳西河主河道，以及 4 条额济纳东河分汊河道，共 6 段，如图 7.5 所示。

额济纳东河与额济纳西河都属于间歇性河流，夏季河水较少，甚至干涸，春季和秋季有大量的河水从河流的上中游下泄至此。当上中游来水时，河水进入河道后形成河水面。河水沿着干涸河道在不断向前推移的同时，一方面河水开始蒸发，另一方面将渗漏补给地下水。

对于河流渗漏补给地下水，通常采用地下水数值模型中的 Stream（STR）程序包进行模拟。该程序包能够模拟地下水含水层和河流之间的水量交换。单位网格河流渗漏补给地下水的水量计算公式如下：

$$Q_{str} = C_{str}(h_{str} - h) \quad (h > B_{str}) \tag{7.2}$$

$$Q_{str} = C_{sfr}(h_{str} - B_{str}) \quad (h \leqslant B_{str}) \tag{7.3}$$

式中：

Q_{str}——河水与含水层地下水交换量，m^3/d；

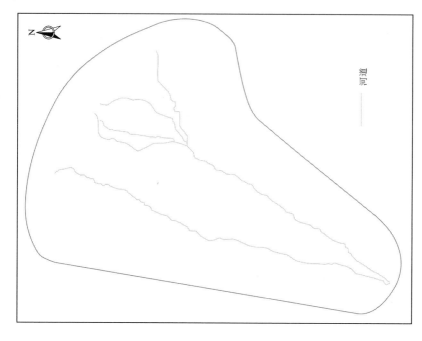

（b）河流在地下水数值模型中的设置

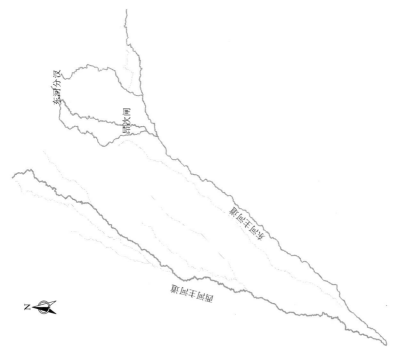

（a）河流空间分布

图 7.5 额济纳东河和额济纳西河空间分布及其在地下水数值模型中设置

C_{str}——河床沉积物导水系数，m^2/d；

h——计算网格的地下水水位，m；

B_{str} 河床沉积物底层高程，m，

h_{str}——河水位，m。

$$h_{str} = d_{str} + T_{str} \tag{7.4}$$

式中：

d_{str}——河水深，m；

T_{str}——河床沉积物顶层高程，m。

$$C_{str} = \frac{K_{str} \times L \times W_{str}}{T_{str} - B_{str}} \tag{7.5}$$

式中：

K_{str}——河床沉积物渗透系数，m/d；

L——单位网格内河段长度，m；

W_{str}——河床宽度，m。

如式（7.2）和式（7.3）所示，河流渗漏补给量主要取决于河水位和河床沉积物导水系数。河水位来源于实测数据，河床沉积物导水系数是河床沉积物渗透系数、河宽及河床厚度的函数［式（7.4）］。研究团队对额济纳河流的河床沉积物渗透系数做了大量试验研究，包括在额济纳东河和额济纳西河的河道布设了 13 个河床沉积物渗透系数测定断面，分别监测了每个点处的河床沉积物渗透系数和河床宽度，见表 7.4。

表 7.4　　　额济纳东河和额济纳西河的河床沉积物渗透系数
及河床宽度（闵雷雷，2013）

河床断面编号	Ts1	Ts2	Ts3	Ts4	Ts5	Ts6	Ts7	Ts8	Ts9	Ts10	Ts11	Ts12	Ts13
渗透系数/(m/d)	27.4	29.1	28.4	31.1	34.2	41.1	34.1	20.2	21.1	0.3		34.8	
河床宽度/m	45.0	231.0	358.0	390.0	440.0	336.0	120.0	134.8	143.0	33.0	15.0	30.0	20.0

以上述野外试验数据为基础，将额济纳东河主河道大致分为 8 段（图 7.6），每段河床的渗透系数和河宽以表 7.4 中的 Ts1～Ts8 河床断面试验

数据为依据。额济纳东河下游 4 条分汊河道的渗透系数和河床宽度以 Ts9
和 Ts10 河床断面试验数据为依据。额济纳西河主河道大致分为 3 段，每
段的渗透系数和河床宽度参考 Ts11～Ts13 河床断面试验数据。河床沉积
物厚度统一概化为 2m。

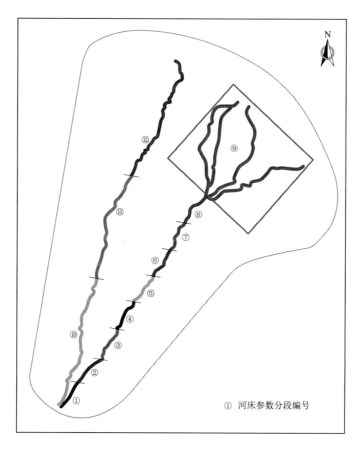

图 7.6　地下水数值模型中河床参数分段设置示意图

　　闵雷雷（2013）对额济纳东河主河道河水与含水层地下水水量交换进
行了数值模拟研究。经参数识别校正，得到了额济纳东河主河道 Ts1～
Ts8 河段内河床导水系数分别为：151541m²/d、146060m²/d、40780m²/d、
173383m²/d、105729m²/d、63518m²/d、72498m²/d 和 69045m²/d。在本
次地下水数值模拟研究中，Ts1～Ts8 河段的河床导水系数初始输入值将
采用上述校正值，其余河段的河床导水系数将依据表 7.4 中实测得到的河

床渗透系数和河宽等数据进行计算。

3. 地下水蒸散发

蒸散发是模拟区含水层地下水排泄的主要方式。这里采用地下水数值模型中 Evapotranspiration Segments（ETS）程序包计算蒸散发。该程序包采用的是分段近似计算方法。由于实际蒸散发与地下水水位埋深呈反比关系，即地下水水位埋深越接近地表，地下水的蒸散发量越大且逐渐趋近于蒸发能力。反之，地下水水位埋深越深，地下水的蒸散发量越少，当地下水水位埋深接近于地下水蒸散发极限埋深时，地下水蒸散发量趋近于 0。当时地下水蒸散发与地下水水位埋深之间的关系是非线性的，因此，通过分段计算的方法近似得到实际蒸散发随地下水水位埋深变化的曲线，可以提高蒸散发模拟精度。

根据本书第 6 章的研究结果，当干旱区地下水水位埋深大于 6m 时，地下水蒸散发量接近于零。本书第 4.4 节的研究结果同样表明，当地下水水位埋深大于 6m 时，地下水盐分不随地下水水位变化而发生显著变化。鉴于上述两个方面的研究结果，本书将 6m 定为地下水数值模拟研究的绿洲区地下水蒸散发极限埋深。在植被稀疏的戈壁带，Wang 等（2014a）根据自动观测井的水位观测数据，运用地下水水位波动法计算得出了不同埋深处的蒸散发速率（表 7.5）。根据这一结果，将戈壁带地下水蒸散发极限埋深设置为 4m。

表 7.5　　　　　　　　　　不同水位埋深处潜水的蒸散发速率

观测井编号	平均埋深/m	实际蒸散发速率/（mm/d）
1 号	2.17	0.72
2 号	3.72	0.27
3 号	2.59	0.46

地下水蒸散发包括土壤蒸发和植被蒸腾两部分。植被蒸腾主要发生在有植被生长的绿洲区。绿洲区地下水在植被生长期以植物蒸腾消耗为主，而在非生长期则以土壤蒸发为主。通过分析 NDVI 序列值界定绿洲区的分布范围。从图 7.7 可以看出，地下水数值模拟区以戈壁为主，仅河道两侧

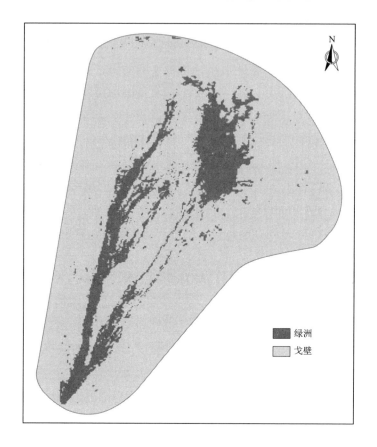

图 7.7　地下水数值模拟区的绿洲和戈壁空间分布示意图

分布条带状绿洲。

土地覆盖类型的差异导致地下水蒸散发量有所不同，刘啸等（2015）研究发现绿洲区的地下水蒸散发量大于戈壁区的地下水蒸散发量。因此，戈壁区和绿洲区的地下水蒸散发曲线存在显著差异。在前人实测蒸散发与地下水水位埋深关系曲线的基础上，结合 Wang 等（2014a）野外实验数据和研究成果，分别设置了戈壁区和绿洲区的地下水蒸散发与地下水水位埋深之间的关系曲线，如图 7.8 所示。

4. 地下水开采

额济纳旗人口稀少，在地下水数值模拟内近乎没有耗水工业。地下水开采主要位于农田区，用作农业灌溉用水。农业灌溉时段集中在每年 5—8

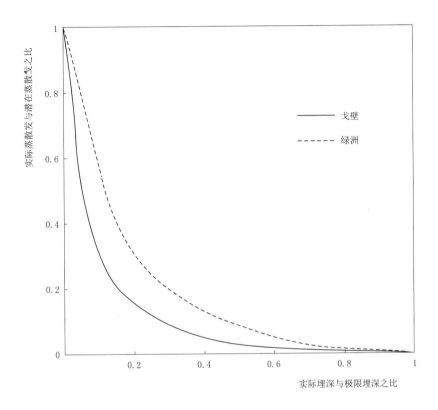

图 7.8　地下水水位实际埋深与极限埋深之比和实际蒸散发与
潜在蒸散发之比的关系曲线

月（徐永亮，2013）。利用谷歌地球卫星图片界定农田区域，并经过实地验
证最终得到农田的空间分布（图 7.9）。

　　通过实地入户调查，发现农田抽水井大多是集体机井。从表 7.6 可以
看出，农田抽水井单井控制灌溉亩数从 100 亩到 200 亩不等，徐永亮等
（2014）取单井控制灌溉面积为 163 亩作为概化值。用农田总亩数除以概
化后的单井控制灌溉亩数，得出农田抽水井的总数量接近 900 口。

　　假定地下水开采对周围地下水流场的影响是均一的，故将地下水的开
采量平均分配到每个网格上。根据遥感解译农田的分布范围计算农田在地
下水数值模型中所占的网格数，并将地下水年总开采量除以农田所占网格
数，得到单位网格地下水抽取量。根据野外灌溉调查，将单位网格年地下
水总开采量按照 25％、30％、30％和 15％的比例分别分配到 5 月、6 月、

图 7.9　地下水数值模拟区农田空间分布

表 7.6　　额济纳地区农田灌溉用水量调查表（徐永亮 等，2014）

作物	名称	农田面积/亩	水泵功率/（m³/h）	单次抽水时间/h	抽水次数	单亩抽水量/m³
	N1	200	80	240	6	576
	N2	80	80	96	6	576
	N3	40	50	51	8	510
哈密瓜	N4	70	50	70	8	400
	N5	5	63	4	8	403.2
	N6	70	40	120	5	342.8

续表

作物	名称	农田面积/亩	水泵功率/（m³/h）	单次抽水时间/h	抽水次数	单亩抽水量/m³
哈密瓜	N7	40	80	18	6	216
	N8	120	80	98	7	457.3
	N9	165	85	98	7	353.39
	N10	100	80	98	7	548.8
	N11	30	80	24	5	320
	N12	50	60	30	6	216
	N13	23	60	15	5	195.6
	N14	31	60	18	6	209
	N15	100	40	102	6	244.8
棉花	N16	100	50	120	6	360
	N17	50	40	36	4	115.2
玉米	N18	40	60	48	4	288
	N19	80	40	36	7	126
	N20	25	60	30	6	432
	N21	20	40	40	7	560
	N22	8	60	12	6	540

7月和8月。该地区的地下水开采井较深，一般为80m左右，可达第三层含水层，即承压水含水层。因此，将地下水总开采量按照含水层的导水系数大小分配到三层地下水含水层中。由于第二层地下水含水层为弱透水层，地下水开采量极少，可以忽略不计。就平均水平而言，将地下水总开采量按照1：6的比例分配到第一含水层和第三含水层。在地下水数值模拟中考虑到地下水灌溉导致的那部分回归入渗补给量，将回归入渗系数取值为0.1。

7.1.6　地下水运动数值模型

地下水流数学模型为

$$
\begin{cases}
\dfrac{\partial}{\partial x}\left(K_{xx}\dfrac{\partial h}{\partial x}\right)+\dfrac{\partial}{\partial y}\left(K_{yy}\dfrac{\partial h}{\partial y}\right)+\dfrac{\partial}{\partial z}\left(K_{zz}\dfrac{\partial h}{\partial z}\right)-W=\mu_s\dfrac{\partial h}{\partial t} & (x,y,z)\in\Omega,t>0 \\[2mm]
h\,|_{\Gamma_1}=h_1(x,y,z) & (x,y,z)\in\Gamma_1 \\[2mm]
K\dfrac{\partial h}{\partial n}\bigg|_{\Gamma_2}=q(x,y,z) & (x,y,z)\in\Gamma_2 \\[2mm]
h\,|_{t=0}=h_0(x,y,z) & (x,y,z)\in\Omega
\end{cases}
$$

$$(7.6)$$

式中：

h——地下水水头，m；

K_{xx}、K_{yy}、K_{zz}——x、y 和 z 方向的渗透系数，m/d；

μ_s——储水率，1/m；

W——源汇项，m/d；

h_0——含水层初始水头，m；

n——渗流区边界的单位外法线方向；

q——单位面积过水断面的补给流量，m/d；

Γ_1、Γ_2——第一类和第二类边界条件；

Ω——渗流区域。

对地下水流数学模型采用有限差分法求解。求解思路为用渗流区内有限个离散点的集合代替连续渗流区，在这些离散点上用差商代替导数，将微分方程及定解条件化为以未知函数在离散点上的近似值为未知量的代数方程。

选用地下水模拟软件 Processing Modflow 10.0（以下简称 PM），建立基于有限差分法的地下水流数值模型。PM 最初是为了支持 Modflow 模块而开发的。多年来，PM 支持的模型代码列表不断增长。现有的版本是对 PM 重写的结果，其支持的模型代码得到了整合，建模过程得到了简化，能够同时显示模型数据和结果。如今，PM 可以显示在线地图和 Esri –

shape 文件以及多个模型的网格和结果。PM 还可以将输入数据文件直接导入各模拟计算包，并支持多种数据输入格式，如：CSV、矢量文件和栅格文件等。

综合考虑地下水数值模型计算精度和计算量，将模拟区域差分成 500m×500m 的网格，全区共 360 行×280 列个网格。模拟期为 2000 年 1 月 1 日至 2017 年 12 月 30 日，应力期的时间长度为 1 个月，时间步长为 1 天，共计 216 期，6575 天。

以 2000 年 1 月野外观测的地下水水位数据为基础，利用空间插值方法获得区域地下水水位的分布，分辨率为 500m×500m。所得到的地下水水位被视为地下水数值模型的初始水位，如图 7.10 所示。

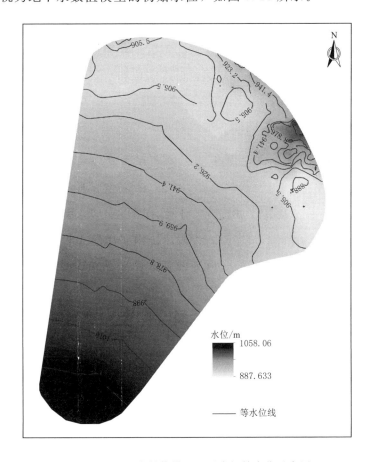

图 7.10　地下水数值模型地下水初始水位示意图

边界条件概化如图 7.4 所示。经初步估算，将流量边界 1、流量边界 2 和流量边界 3 的地下水侧向补给初始值分别设置为 0.01 亿 m^3/a、0.25 亿 m^3/a 和 0.08 亿 m^3/a。地下水数值模拟区地下水源汇项的概化如 7.1.5 节 所述，数据来源于野外实测、调查或前人论文研究结果。

7.1.7　模型的识别与验证

1. 水文地质参数率定与验证

为了更好地刻画河流与含水层地下水之间的水量交换过程，需要对地下水数值模型参数进行识别和验证。运用地下水数值模型，可以计算得到地下水水位的时空分布。通过拟合观测与模拟的地下水水位，可以率定水文地质参数、模型边界流量等，使建立的地下水数值模型更加符合模拟区的水文地质条件，以便更准确地定量模拟区的地下水补给与排泄，并预估气候变化和人类活动共同影响下的地下水水位和水资源量变化。

在对地下水模型进行识别和验证时，通常选用"试估-矫正"法。主要遵循以下原则：①模拟的地下水动态过程要与实测的地下水动态过程基本一致，即要求模拟与实测的地下水水位过程线相似；②模拟的地下水流场要与实际的地下水流场基本一致，即要求模拟的地下水等值线与实测的地下水水位等值线形状相似，模拟得到的地下水流场可以客观反映实际的地下水流场；③从地下水水量均衡的角度分析，实际地下水补给量与排泄量之差应接近模拟计算得到的含水层地下水储存量变化值；④地下水模型识别得到的水文地质参数要基本符合实际的水文地质条件。

本次地下水数值模拟所采用的水文地质参数都是来源于野外实测数据或前人试验验证数据。在对地下水模型进行水文地质参数率定的过程中，首先根据地下水流场及观测井地下水水位拟合误差不断进行试估。每次水文地质参数调试的幅度都保持在初始赋值的 ±10％ 以内。与此同时，采用地下水数值模型自带的 PEST（Parameter Estimation）自动率定程序进行水文地质参数自动优化。PEST 自动率定程序将根据地下水数值模拟结果与实际观测结果的误差进行参数自动优化，单次优化幅度限制在 ±5％，以防止水文地质参数失真。水文地质参数自动优化直至模拟得到的地下水水位与观测得到的地下水水位之间的误差达到±0.5m内为止。

　　用来水文地质参数率定的地下水观测井如图 7.11 所示。用于地下水数值模型校验的地下水水位观测数据包括 2010 年 4 月至 2017 年 8 月连续的长时间序列自动观测井地下水水位观测值，2000—2003 年部分观测井不连续的地下水水位观测值，以及 2000—2010 年观测井地下水水位观测值。水文地质参数识别与验证方案如下：模型识别期为 2010 年 1 月 1 日至 2017 年 12 月 31 日，模型验证期为 2000 年 1 月 1 日至 2017 年 12 月 31 日。利用河水水位和含水层地下水水位观测数据，对含水层渗透参数、给水度与河床水力传导系数，以及潜水蒸散发与地下水蒸散发极限埋深函数关系等进行率定与验证。水文地质参数敏感度分析、水量均衡计算、地下水水

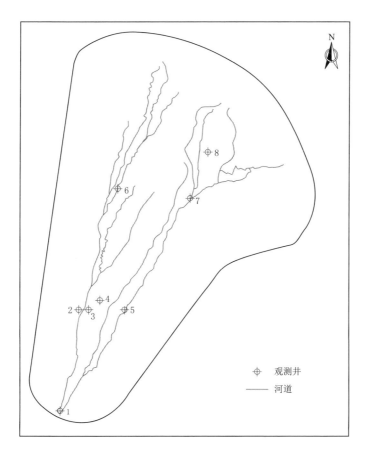

图 7.11　地下水观测井空间位置示意图

位与水量情景预测，均采用水文地质参数识别与验证后的地下水数值模型。

经对比分析观测井模拟地下水水位和实测地下水水位、模拟地下水水文过程线和实测地下水水文过程线及地下水流场的误差，对地下水数值模型中的水文地质参数进行初步调整，使得地下水模拟结果和观测结果较为一致。在此基础上，利用地下水数值模型中的 PEST 自动率定程序对各水文地质参数进行微调，微调幅度保持在参数值的 $\pm 10\%$ 以内。经验证之后的含水层水文地质参数见表 7.7。

表 7.7　地下水数值模型识别与验证后的含水层水文地质参数

水文地质分区编号	垂向分层编号	渗透系数/(m/d)	给水度
1	1	36.45	0.154
	2	36.45	0.0017
	3	36.45	0.0028
2	1	28.05	0.083
	2	5.50	0.0017
	3	23.00	0.0028
3	1	19.25	0.050
	2	4.40	0.0017
	3	27.5	0.0028
4	1	13.5	0.008
	2	4.50	0.0017
	3	13.5	0.0028
5	1	3.15	0.224
	2	3.85	0.0017
	3	3.15	0.0028

水文地质分区编号	垂向分层编号	渗透系数/（m/d）	给水度
6	1	4.95	0.099
	2	3.85	0.0017
	3	4.95	0.0028

从表 7.7 可以看出，1 区含水层渗透系数在垂直各层上的差异很小，主要是因为 1 区含水层为第四系潜水含水层，主要由冲积和洪积的砾石与砂砾石组成，而黏土和亚黏土透镜体很少。含水层砾石颗粒大，富水性和透水性都较好，所以 1 区含水层渗透系数较大且垂向上差异较小。随着含水层岩相变得复杂，在垂向上存在黏土和亚黏土层，往往分布在潜水含水层和承压含水层之间，透水性较差。故 2～6 区第 2 层含水层的渗透系数较小。

2. 地下水水位拟合

采用相关系数和均方根误差来评价地下水数值模型的拟合优度，计算公式如下：

$$R^2 = \frac{\sum_{i=1}^{N}(cal_i - \overline{cal})(obs_i - \overline{obs})}{\sqrt{\sum_{i=1}^{N}(cal_i - \overline{cal})^2}\sqrt{\sum_{i=1}^{N}(obs_i - \overline{obs})^2}} \tag{7.7}$$

$$RMSE = \sqrt{\frac{1}{N}\sum_{i=1}^{N}(cal_i - obs_i)^2} \tag{7.8}$$

式中：

R^2——相关系数；

$RMSE$——均方根误差，m；

cal_i——模拟的地下水水位，m；

obs_i——实测的地下水水位，m；

N——地下水水位观测的数量。

由于地下水数值模型的水文地质参数初始值源自前人的研究结果，因此地下水数值模型在识别期和验证期得到的地下水水位模拟值与观测值之间拟合较好。从图 7.12 可以看出，观测井的地下水水位观测值与模拟值均很好地分布在 1∶1 线上，地下水水位模拟值与实测值整体相关系数达到 0.99，表明模拟地下水水位和实测地下水水位的相关性整体上很好。

水文地质参数率定后，各观测井实测地下水水位和模拟地下水水位的误差统计特征见表 7.8。从表 7.8 可以看出，各观测井模拟地下水水位和实测地下水水位之间的均方根误差较小，在 0.16～1.14m 范围内。其中，6 号观测井的地下水水位拟合程度最差，均方根误差为 1.14m。这主要是因为 6 号观测井位于额济纳西河下游，靠近河道，西临戈壁，受侧向地下水补给少、地下水蒸散发及地下水开采的影响，实测地下水水位较深。而在地下水数值模型中却较难准确反映这一自然条件。在地下水数值模型中，因受河流渗漏补给的影响，模拟得到的地下水水位比实测的地下水水位偏大。

表 7.8 参数率定后的模拟地下水水位和实测地下水水位的误差统计特征

观测井	R^2	$RMSE$/m
1 号	0.29	0.51
2 号	0.37	0.32
3 号	0.42	0.16
4 号	0.95	0.43
5 号	0.59	0.21
6 号	0.19	1.14
7 号	0.37	0.53
8 号	0.52	0.22

3. 地下水水位过程线

图 7.13 给出了 8 口观测井地下水水位观测值与模拟值的变化过程线。单口观测井的地下水水位变化过程线的模拟可以分为两种：一种是地下水水位模拟值与实际观测值相差较小，表明地下水数值模拟效果较好；另一种是地下水水位模拟值与实际观测值之间存在差异，但两者的变化趋势一

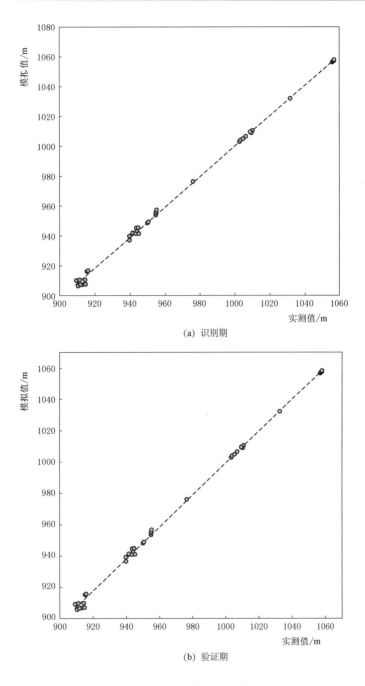

(a) 识别期

(b) 验证期

图 7.12 地下水水位模拟值与实测值之间的关系

致，表明地下水数值模拟存在系统上的误差。总体而言，8 口观测井的地下水水位过程曲线拟合较好，能够反映出真实地下水水位变化的过程。

根据各个观测井的水文过程线可以看出，1 号、5 号、6 号、7 号观测井的地下水水位模拟值较好地反映了实际的地下水水位季节性变化过程，其中 1 号观测井和 7 号观测井的地下水水位模拟精度最高。同时，可以发现，地下水数值模拟得到的 5 号观测井的地下水水位波动幅度比观测到的地下水水位波动幅度偏小，但是两者波动的周期性是一致的。6 号观测井的地下水水位模拟值比观测值偏大，这主要是因为该观测井位于西河下游河岸带。地下水数值模型得到的河水渗漏量偏大，从而造成模拟地下水水位误差偏大，但是地下水水位模拟值与观测值的整体变化趋势是一致的。特别值得注意的是，2010 年以后，6 号观测井的实测地下水水位和模拟地下水水位都呈现出明显的周期性波动，且地下水水位持续性抬升。

2 号、3 号、8 号观测井的模拟地下水水位接近地下水水位实测值，但是地下水水位模拟值没有反映地下水水位的周期性波动。这主要是因为这几口观测井距离河道具有一定的距离，在地下水数值模拟过程中，地下水水位对河水渗漏补给的动态响应模拟不足。4 号观测井位于戈壁带，地下水水位变化没有出现季节性波动现象，这口观测井的地下水水位模拟值与实测值变化趋势一致，均呈现逐年抬升趋势，表明戈壁带地下水储量正在逐年增加。

由图 7.13 还可以发现，2010 年以前实测地下水水位数据有限，地下水水位的模拟值与观测值之间的拟合程度不高。2010 年之后，实测的地下水水位数据较为丰富，地下水水位的模拟精度也大幅提高。

图 7.14 显示了 2017 年 8 月实测地下水等水位线与模拟等水位线。从图可以看出，在额济纳河流的中上游地区，实测等水位线和模拟等水位线高度重合，拟合效果很好。在额济纳河流的下游地区，由于地下水开采导致地下水流场异常复杂的变化。但由于地下水开采数据稀少，在地下水数值模型中难以准确反映地下水开采过程，导致额济纳河流下游地区的地下水模拟等水位线与实测等水位线之间存在一定误差，模拟结果和实测结果拟合度还有待于进一步提升。

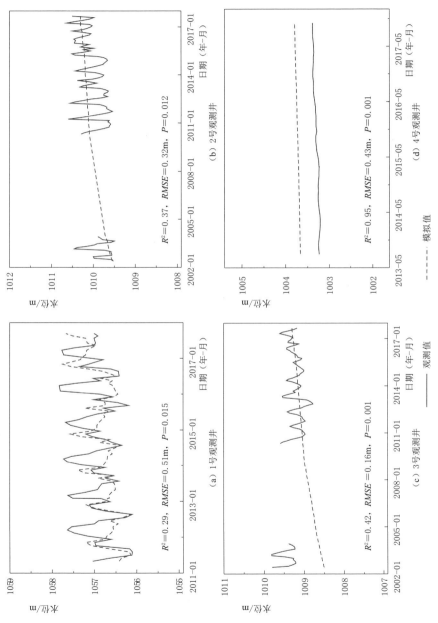

图 7.13 （一）　地下水水位观测值与模拟值随时间变化曲线

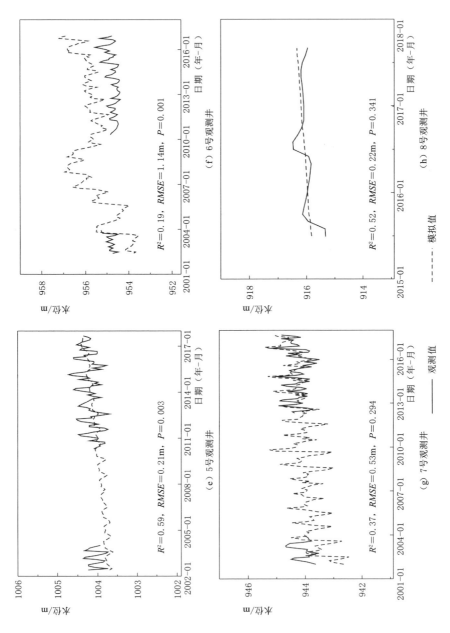

图 7.13 (二) 地下水水位观测值与模拟值随时间变化曲线

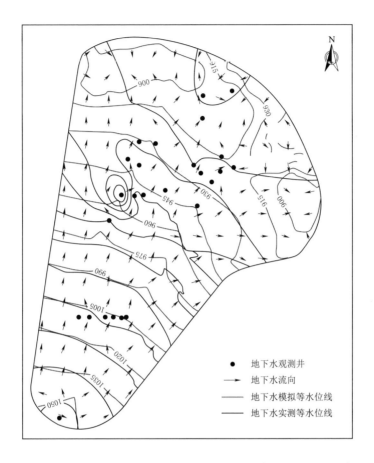

图 7.14 2017 年 8 月地下水模拟等水位线与实测等水位线对比示意图

从地下水流场来看，地下水的流向为自西南向东北方向，与河流的流向基本一致。但在河道两侧，地下水的流向发生变化，尤其是额济纳东河的河岸带地下水流向很好地反映了河流对河岸带地下水的渗透补给过程。额济纳东河和额济纳西河的尾闾湖泊分别是东居延海和西居延海，这里地势较低，当地下水水头高于地表高程时，地下水将向地表湖泊排泄。

整体而言，利用观测时段内的地下水水位数据所识别和验证的水文地质参数（含水层渗透系数、给水度、河床水力传导度），以及潜水蒸散发与地下水蒸散发极限埋深函数关系基本都能够反映出模拟区地下水系统结构与变化特征。

7.2　地下水均衡变化评估

7.2.1　地下水均衡变化评估方法

研究区地下水的主要均衡要素包括补给项、排泄项和地下水储量变化。

（1）补给项。补给项包括大气降水入渗补给量、地表垂向渗漏补给量（河道渗漏补给、湖泊渗漏补给、灌溉回渗补给量）、地下水侧向补给量。地下水补给量计算公式如下：

$$Q_补 = Q_降 + Q_渗 + Q_侧 \tag{7.9}$$

式中：

$Q_补$——地下水补给量，m^3；

$Q_降$——大气降水入渗补给量，m^3；

$Q_渗$——河流垂向渗漏补给量，m^3；

$Q_侧$——地下水侧向补给量，m^3。

（2）排泄项。排泄项包括地下水开采量、地下水蒸散发量、地下水向地表水的排泄量。地下水排泄量计算公式如下：

$$Q_排 = Q_开 + Q_蒸 + Q_排 \tag{7.10}$$

式中：

$Q_排$——地下水排泄量，m^3；

$Q_开$——地下水开采量，m^3；

$Q_蒸$——地下水蒸散发量，m^3；

$Q_排$——地下水向地表水的排泄量，m^3。

（3）地下水储量变化。

$$\Delta Q = Q_补 - Q_排 \tag{7.11}$$

式中：

ΔQ——地下水储量的变化量，m^3；

$Q_{补}$——地下水补给量，m^3；

$Q_{排}$——地下水排泄量，m^3。

7.2.2　地下水补给量分析

对地下水数值模型计算结果进行地下水储量变化分析，得到模拟期（2000 年 1 月至 2017 年 12 月）地下水各源汇项的计算值，见表 7.9。

表 7.9　2000—2017 年地下水水量变化模拟计算结果

项　目	源汇项	总水量/亿 m^3	年均水量/(亿 m^3/a)
地下水补给项	降水入渗补给	8.67	0.48
	地下水侧向补给	6.03	0.34
	河流渗漏补给	58.52	3.25
	合计	73.22	4.07
地下水排泄项	地下水开采	6.26	0.35
	地下水向河流排泄	1.18	0.07
	地下水蒸散发	50.00	2.78
	合计	57.44	3.20
地下水储量变化		15.78	0.87

模拟区的地下水总补给量为 73.22 亿 m^3，其中降水入渗补给为 8.67 亿 m^3，年均补给量为 0.48 亿 m^3，约占地下水总补给量的 12%。地下水侧向补给为 6.03 亿 m^3，年均补给量为 0.34 亿 m^3，约占地下水总补给量的 8%。河流渗漏补给为 58.52 亿 m^3，年均补给量为 3.25 亿 m^3，约占地下水总补给量的 80%，是研究区地下水补给的主要来源（图 7.15）。

整个模拟期内（2000—2017 年），狼心山水文站所观测到的总径流量为 103.68 亿 m^3，河流多年总渗漏补给量为 57.32 亿 m^3，约占总径流量的 55%。图 7.16 给出了 2000—2017 年月尺度上的狼心山水文站径流量及河流渗漏补给量的变化曲线。如图 7.16 所示，河流渗漏补给量的变化趋势

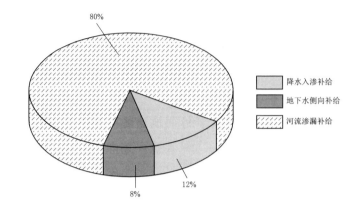

图 7.15　模拟区 2000—2017 年地下水主要补给来源及其所占比例

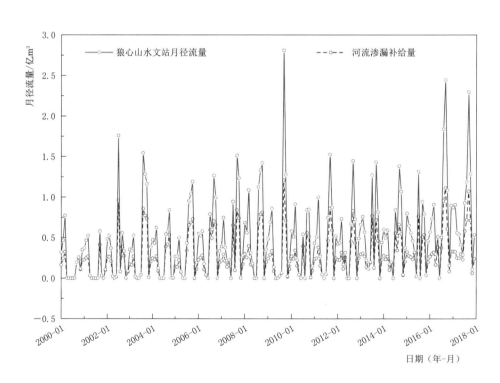

图 7.16　狼心山水文站月径流量与月河流渗漏补给量变化

与狼心山水文站径流量的变化过程基本一致，均呈现季节性波动。通常，每年夏季 5—7 月和冬季 11 月没有地表径流，河道多干涸或仅存少量河水，这一期间河流径流量极小甚至为 0，河流渗漏补给量也非常小。每年春季 3—4 月和秋季 8—10 月是河流过水的关键时段，河流径流量往往达到年内最大值，河流对地下水的渗漏补给量也随之出现峰值。

从年际尺度来看，在黑河生态输水初期（2000—2002 年），河流径流量较少，月平均径流量小于 1 亿 m^3，河流对地下水的渗漏补给量小于 0.5 亿 m^3。2003 年及其之后，河流径流量显著增加，每年最大月径流量均超过 1 亿 m^3，河流对地下水的渗漏补给量也达到 0.5 亿～1 亿 m^3。尤其是 2009 年 9 月、2016 年 9 月、2017 年 9 月的河流径流量达到 2 亿～3 亿 m^3，期间河流对地下水的渗漏补给量可以达到 1 亿 m^3 左右。

由此可见，河流渗漏补给是额济纳地区地下水的主要来源。河水渗漏补给过程与河流径流过程密切相关。因此，额济纳地区地下水资源的更新主要依赖于黑河地表径流。受全球升温的影响，黑河流域上游降水增加、冰雪融水量增加，将带来黑河径流量的整体增加。在这一背景下，流入额济纳地区的黑河径流量也随之增加，地下水资源将得到更多的补给和更新。

7.2.3　地下水排泄量分析

模拟区地下水系统的主要排泄项包括：潜水蒸散发、地下水开采、地下水向地表河流和湖泊的排泄等。在整个模拟期内，地下水总排泄量为 57.44 亿 m^3，其中地下水开采量为 6.26 亿 m^3，年开采量为 0.35 亿 m^3，约占地下水总排泄量的 11％。地下水向地表水排泄 1.18 亿 m^3，年均排泄量为 0.07 亿 m^3，约占地下水总排泄量的 2％。地下水蒸散发量为 50 亿 m^3，年均蒸散发量为 2.78 亿 m^3，约占地下水总排泄量的 87％（图 7.17）。由此可见，地下水蒸散发是研究区地下水排泄的主要方式。

图 7.18 给出了 2000—2017 年模拟区逐月及逐年地下水蒸散发变化过程。从图 7.18 可以看出，2000—2017 年模拟区地下水蒸散发量呈现逐年增加趋势，其中 2000 年地下水蒸散发量最小，为 1.88 亿 m^3，2017 年地下水蒸散发量最大，为 3.46 亿 m^3。随着绿洲面积的增加，地下水蒸散发量也随之增加。近年来，模拟区绿洲面积的不断增加是导致地下水增散发增加的重要原因。在年内，地下水蒸散发呈现显著的季节性变化，具体表现为：每年 1—12 月，月蒸散发量先增后减，在每年夏季 6—8 月达到最

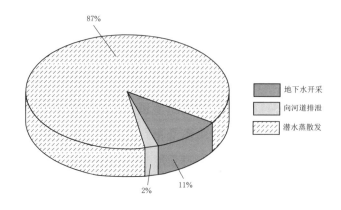

图 7.17　模拟区 2000—2017 年地下水主要排泄方式及其所占比例

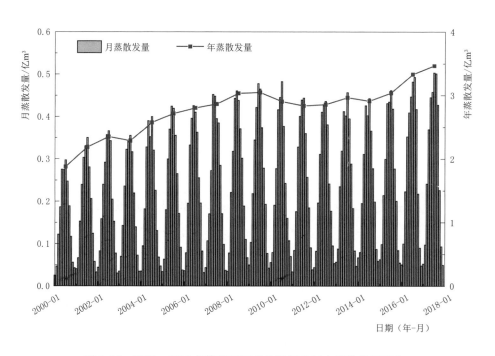

图 7.18　2000—2017 年模拟区逐月及逐年地下水蒸散发量变化

大值，月蒸散发量达到 0.3 亿～0.5 亿 m³；每年冬季 12 月至次年 2 月，月蒸散发量最小，通常小于 0.05 亿 m³。

地下水蒸散发作为模拟区地下水排泄的最主要方式，是造成该地区地下水资源减少的最主要因素。减少模拟区地下水蒸散发，尤其是减少戈壁带地下水蒸散发，是保护这一地区地下水资源的重要途径。

7.2.4　地下水均衡分析

根据地下水数值模拟结果，2000—2017 年地下水总补给量为 73.22 亿 m^3，总排泄量为 57.44 亿 m^3，地下水储量共增加了 15.78 亿 m^3，年均增加量为 0.87 亿 m^3，为正均衡。根据逐年地下水储量变化曲线（图 7.19）可以看出，地下水储量整体呈先增加趋势。除个别年份（2000 年、2001 年、2004 年）之外，地下水储量均为正均衡，表明地下水得到了补给。尤其是 2010 年后，地下水储量明显得到增加，在丰水年（2016 年、2017 年）地下水储量增加高达 2 亿～3 亿 m^3/a。

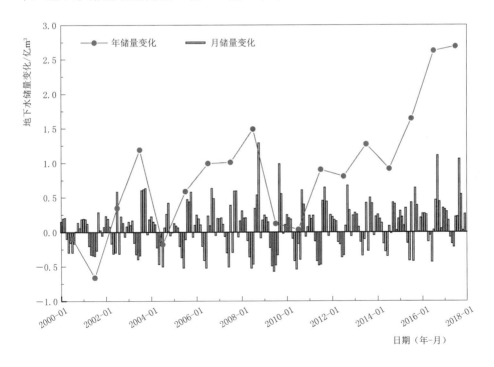

图 7.19　2000—2017 年逐月及逐年地下水储量变化

从逐月地下水储量变化来看，年内地下水储量呈现明显的季节性变化。如图 7.19 所示，一般而言，每年的 9 月至次年 3 月，地下水蒸散发量较小，河流渗漏补给量增加，地下水资源得到补充，为正均衡。每年的 4—8 月，地下水蒸散发量加大，河流渗漏补给量少，地下水资源得到消耗，为负均衡。2000—2001 年，逐月的地下水储量变化偏小，维持在 ±0.5 亿 m³ 内。随着地表径流量增加和绿洲面积不断扩大，河流渗漏补给量和地下水蒸散发量都在增加，2002 年及以后的逐月地下水储量变化加大，其中 2008 年 10 月的地下水储量变化最大，当月地下水储量增加超过了 1 亿 m³。

受地下水储量变化的影响，2000—2017 年，模拟区大部分区域浅层地下水水位得到抬升，仅局部区域地下水水位有所下降。如图 7.20 所示，研究区 90% 以上区域的地下水水位得到抬升，地下水水位多年平均抬升速率为 0~0.58m/a。尤其在额济纳东河和额济纳西河两岸，受河流渗漏补给的影响，地下水水位抬升显著。在额济纳河流下游地区，由于得不到河流渗漏补给，地下水水位持续降低。

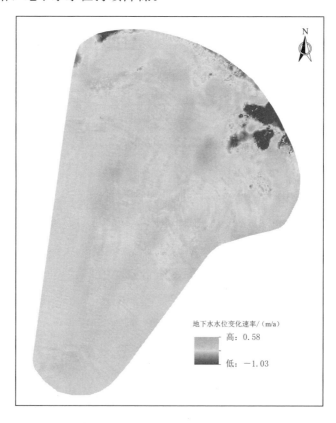

图 7.20 2000—2017 年模拟区地下水水位变化速率空间分布图

7.3 河流典型输水过程下的地下水响应分析

河流渗漏是模拟区地下水补给的最主要来源。在黑河生态输水计划下，可以通过人为调控地表径流过程来增加地下水的补给量。在干旱区，地表径流量的多少将直接影响含水层浅层地下水水位与水量的变化。当地表径流量不足时，地下水得不到足够的河流渗漏补给，此时，地下水水位就会下降，并直接威胁到绿洲区植物的生长，对绿洲生态环境造成破坏。在地表径流量较为丰富的情况下，河流渗漏补给量增加，地下水储量变化为正平衡，地下水水位抬升，这将有利于维持绿洲区植物的生长，并抑制干旱区生态环境的退化。

自 2000 年实施生态输水工程以来，黑河下游额济纳旗狼心山水文站观测到的地表径流量持续增加。从地下水数值模拟的结果来看，这一期间，额济纳地区地下水储量呈增加趋势，地下水水位也整体得到抬升。向额济纳地区输送地表径流量的多少将会直接影响额济纳绿洲的可持续发展。为此，我们选择 3 次典型的河流输水过程，对比分析不同输水过程下的地下水流场、水位和水储量的变化，为未来黑河输水工程的合理规划提供科学依据。

7.3.1 河流典型输水过程筛选

2000 年 8 月 21 日实施了黑河历史上第一次跨省区生态输水，但是河流输水量较少。随着时间的推移，河流输水量在持续增加，尤其在 2016 年和 2017 年，河流输水量明显增加。黑河下游地处我国西北极端干旱区。这一地区的河流为间歇性河流，通常每年 12 月至次年 4 月河道过水；5—11 月，河道内水流断断续续，并不稳定。在过去 18 年（2000—2017）中，本书选取 3 次典型的输水过程来分析地下水水位和水储量的变化。所选取的 3 次输水时段分别为 2001 年 1 月 1 日至 4 月 10 日、2009 年 1 月 1 日至 4 月 30 日、2017 年 7 月 26 日至 10 月 10 日。

7.3.2 地下水水位变化分析

利用已识别与验证的地下水数值模型对上述选取的 3 次典型输水过程下的地下水动态进行模拟分析。通过对比分析地下水模拟水位与实测水位，来判别地下水数值模拟的结果。由图 7.21 可见，3 次典型输水过程下的地下水模拟水位都接近于实测水位。模拟水位和实测水位的相关系数 R^2 均达到 0.90 以上，且模拟水位与观测水位相对应的点都位于 1：1 线附近，表明 3 次输水过程下的地下水模拟水位和实测水位整体上比较吻合。需要指出的是，2017 年 7 月 26 日至 10 月 10 日输水时段内，由于具有实测水位资料的地下水观测井数量少，所以得到的地下水水位模拟效果最好。

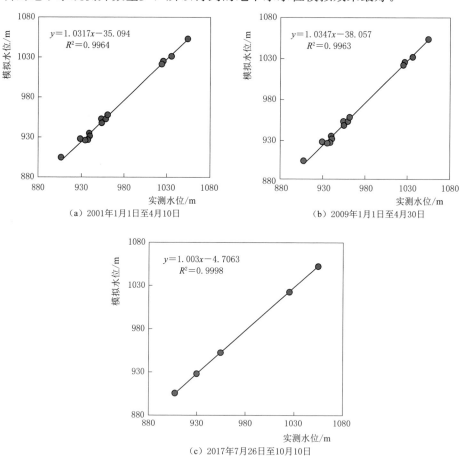

（a）2001年1月1日至4月10日 （b）2009年1月1日至4月30日

（c）2017年7月26日至10月10日

图 7.21 3 次典型输水时段内地下水实测水位与模拟水位关系图

7.3.3 地下水储量变化分析

地下水数值模拟结果表明，2001 年 1 月 1 日至 4 月 10 日输水时段内，地下水总补给量为 0.79 亿 m^3。这一期间，降水量极少，几乎没有形成降水入渗补给。地下水侧向补给也较少，仅占地下水总补给量的 3% 左右。河流渗漏补给为该时段内地下水补给的主要来源，占地下水总补给量的 97%（图 7.22）。这一时段内地下水总排泄量为 0.4 亿 m^3。由于所选输水时段为 1—4 月，当地的农业耕作尚未开始，地下水开采量极少，可以忽略不计。地表水模拟结果表明，这一期间的地下水向地表河流的排泄量较小，仅占地下水总排泄量的 0.2% 左右。这一输水时段内，地下水排泄的主要方式为地下水蒸散发，几乎占地下水总排泄量的全部（图 7.22）。

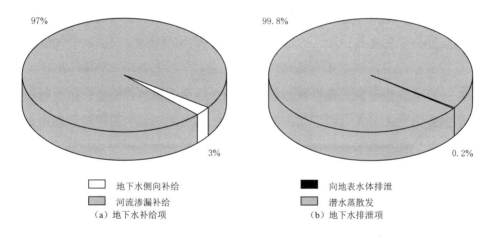

图 7.22 2001 年 1 月 1 日至 4 月 10 日输水时段内地下水补给、排泄及其所占比例

2001 年 1—3 月中旬，日尺度上的地下水储量变化均为正均衡。2 月，地表径流量缓慢增加，并导致河流渗漏补给量增加，地下水储量也随之增加（图 7.23）。2001 年 3 月 19 日至 4 月 10 日期间，黑河中上游地区逐渐开始农业生产活动，进入到黑河下游额济纳地区的地表径流量开始减少，河流渗漏补给量也随之减少。但 2001 年 1 月 1 日至 4 月 10 日整个输水时段内，地下水得到了补充，河流渗漏补给带来地下水储量共增加 0.39 亿 m^3。

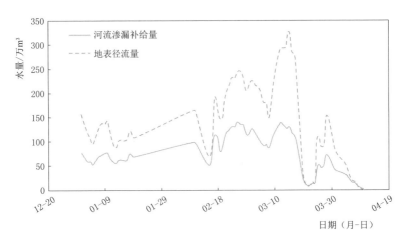

图 7.23　2001 年 1 月 1 日至 4 月 10 日输水时段内地表径流量
与河流渗漏补给量的变化曲线

2009 年 1 月 1 日至 4 月 30 日输水时段内，地下水总补给量为 1.6 亿 m³。其中，降水入渗补给量为 0.02 亿 m³，仅占地下水总补给量的 1.4%。地下水侧向补给量为 0.3 亿 m³，约占地下水总补给量的 1.8% 左右。河流渗漏补给是地下水补给的主要来源，约占地下水总补给量的 96.8%（图 7.24）。该时段内地下水总排泄量为 0.62 亿 m³。与 2001 年所选的输水时段类似，该时段内几乎没有地下水开采。这一期间，由于河水温度低导致河床沉积物渗透性能变差，河水与地下水之间的交换量也不大。据地下水数值模拟分析，这一期间地下水向地表河流的排泄量仅占地下水总排泄量的 1.3%。蒸散发仍是地下水排泄的主要方式。该时段内地下水蒸散发量为 0.6 亿 m³，占地下水总排泄量的 98.7%（图 7.24）。由于冬季气温低，地下水蒸散发能力弱，所以这一时段河流输水有利于地下水的补给与更新。

　　与 2001 年 1 月 1 日至 4 月 10 日输水时段相似，2009 年 1 月 1 日至 3 月 27 日，地下水得到了河流渗漏补给，地下水储量不断增加，处于正均衡状态（图 7.25）。在 2009 年 3 月 28 日至 4 月 30 日这一时段，由于地下水开采和气温上升导致的地下水蒸散发量不断增加，地下水储量开始缓慢减少，处于负均衡状态（图 7.25）。但有所不同的是，2009 年 1 月 1 日至

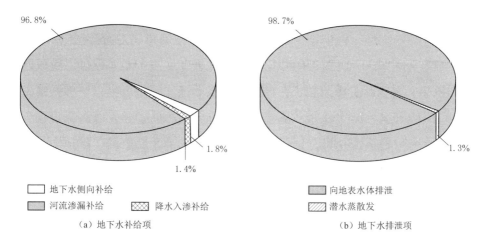

地下水侧向补给

河流渗漏补给 　　降水入渗补给

（a）地下水补给项

向地表水体排泄

潜水蒸散发

（b）地下水排泄项

图 7.24　2009 年 1 月 1 日至 4 月 30 日输水时段内地下水补给、排泄及其所占比例

4 月 30 日输水时段内的地下水储量增加要比 2001 年同时期内的地下水储量增加幅度要大得多，这主要是由于 2009 年地表径流量要大于 2001 年。据地下水数值模拟分析结果，2009 年 1 月 1 日至 4 月 30 日输水时段内，模拟区地下水的储量共增加了约 1 亿 m³。

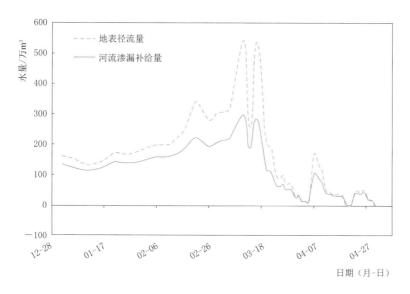

图 7.25　2009 年 1 月 1 日至 4 月 30 日输水时段内地表径流量
与河流渗漏补给量的变化曲线

2017 年 7 月 26 日至 10 月 10 日输水时段内，地下水总补给量为 3.5 亿 m³。其中，河流渗漏补给量为 3.1 亿 m³，占地下水总补给量的 88%。降水入渗补给量为 0.4 亿 m³，占地下水总补给量的 11%。地下水侧向补给量较少，仅占总补给量的 1%（图 7.26）。由此可见，在夏季与秋季，河水渗漏仍是含水层地下水的主要补给来源。同一时段内，模拟区地下水总排泄量约为 3 亿 m³。其中，地下水蒸散发量为 2.93 亿 m³，约占地下水总排泄量的 98%。地下水开采量为 0.07 亿 m³，占地下水总排泄量的 2%（图 7.26）。地下水向地表河流及湖泊的排泄量极少。由此可见，在夏季与秋季，地下水蒸散发是该地区含水层地下水排泄的主要方式。

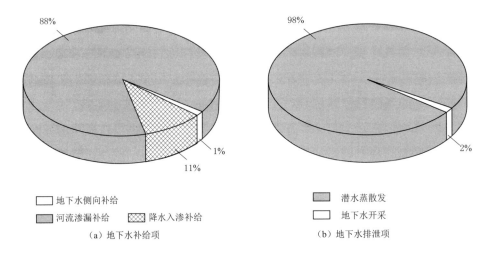

图 7.26　2017 年 7 月 26 日至 10 月 10 日输水时段内地下水补给、排泄及其所占比例

2017 年 7 月 26 日至 10 月 10 日输水时段内，尽管地下水蒸散发量较大，但由于 2017 年为丰水年，地表径流量大，含水层地下水得到的河流渗漏补给量大，地下水储量不断增加。据地下水数值模拟分析，这一时段内地下水储量共增加约 0.5 亿 m³。如图 7.27 所示，地下水储量呈现先减少后逐渐增加的整体趋势。7 月和 8 月是植物和农作物生长旺季，地下水蒸散发量大且农业灌溉开采地下水，造成地下水储量不断减少，地下水处于负均衡状态。从 9 月开始，随着气温下降，地下水蒸散发不断减弱，地下水开采也逐步停止，这时地下水储量慢慢恢复，地下水呈现正均衡

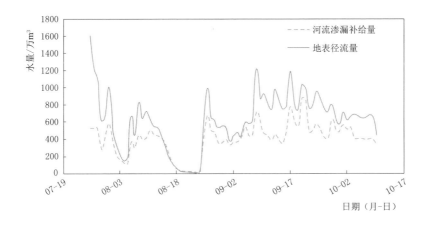

图 7.27　2017 年 7 月 26 日至 10 月 10 日输水时段内地表径流量
与河流渗漏补给量的变化曲线

状态。

　　通过分析河流 3 个典型输水过程下的地下水储量变化，可以看出在植物生长季，由于蒸散发大且人为开采地下水，这一期间地下水排泄量要大于地下水补给量，此时地下水储量减少，处于负均衡状态。在植物非生长季，特别是冬季，由于蒸散发量小，地下水排泄量要小于地下水补给量。此时，地下水能够得到河流渗漏补给从而地下水储量得到增加，处于正均衡状态。从地下水资源更新角度来看，在蒸散发较弱的季节进行河流输水，有利于地下水资源的补给与更新。

第8章

结 论 与 展 望

8.1 结 论

(1) 额济纳三角洲降水少、蒸散发能力大、极端干旱。

根据额济纳旗气象局国家基准气候站 1961—2016 年期间的气象资料，额济纳地区多年平均降水量为 35.5mm，整体上无明显的变化趋势。在过去 57 年间，年最大降水量为 101.1mm（1969 年），年最小降水量为 7.0mm（1983 年），降水极值比为 14.4，多年平均降水量的变差系数为 0.57。降水年内分配极不均匀，降水主要集中在 6—9 月，约占全年降水量的 73%，其中夏季降水占全年降水量的 60% 以上。根据 FAO Penman - Monteith 公式和气象资料，额济纳地区多年平均潜在蒸散发量为 1472mm，具有明显的减少趋势，速率为 3.0mm/a。潜在蒸散发的年际变化较大，年最大为 1663.4mm（1972 年），年最小为 1336.4mm（1993 年）。基于东居延海水面观测的蒸散发能力比 FAO Penman - Monteith 公式计算得到的潜在蒸散发能力值略高。额济纳地区多年平均干旱指数为 57.0，最大值为 196.3（1983 年），最小值为 17.9（1995 年）。可见，额济纳地区降水少、蒸散发能力大、极端干旱。

(2) 生态输水以来，地表径流量持续增加，地表水体蓄水不断增加，河流过水时间不断增长。

根据狼心山水文站和东居延海水文站 1988—2016 年的实测径流资料，分析了自 2000 年生态输水开始实施以来额济纳地区地表水资源的时空变化。结果显示：1988—2016 年期间，额济纳地区河流多年平均年径流量为 6.03 亿 m³，其变幅为 2.34 亿～13.84 亿 m³。生态输水前（1988—2000年），年径流量呈减小趋势；生态输水后，年径流量呈增加趋势，从 2001 年的 2.34 亿 m³ 增加至 2016 年的 10.19 亿 m³。从狼心山水文站实测径流变化来看，7—10 月和 12 月至次年 3 月是额济纳河流两个主要来水期，其来水量分别占全年径流量的 50.4％和 43.12％。而 4—6 月和 11 月是枯水期。生态输水前后径流量的年内分布也发生了很大变化。生态输水前，径流年内分布极为不均，全年输水天数在最少的一年仅为 110 天。生态输水后，径流年内分布相对比较均匀，全年输水天数明显增加，从 2000 年的 171 天增加到 2016 年 353 天。从狼心山水文站控制的额济纳地区入境流量的 3 个观测断面数据来看，入境流量主要进入额济纳东河。额济纳东河多年平均年径流量为 4.27 亿 m³，占总径流量的 70.9％；额济纳西河多年平均年径流量为 1.53 亿 m³，占总径流量的 25.4％；东干渠自 1997 年开始输水，其多年平均年输水量仅为 0.33 亿 m³，占总径流量的 3.7％。自 2003 年起，额济纳东河的河水才开始持续注入东居延海，入湖径流量占额济纳东河径流量的比例多年平均为 12％，变幅为 2％～17％。入湖径流量占额济纳东河总径流量的比例多年平均为 8.9％，其变幅为 1.5％～14.5％。额济纳河流年径流量变化大致分为两个阶段：2003—2008 年期间变幅较大；2009—2016 年期间变幅较小。可见，生态输水以来，恢复了额济纳地区的入境径流量，径流量持续增加，保证了额济纳河流尾闾湖泊东居延海的持续入流。与此同时，额济纳河流过水天数不断增加，为额济纳地区生态环境质量改善提供了有力保障。

（3）生态输水以来，区域地下水水位整体得到抬升，地下水水质得到一定改善。

利用额济纳地区地下水观测井的水位动态监测数据，分析了浅层地下水水位的时空变化特征，并结合地下水的水化学分析结果识别了地下水盐度的时空变化特征。分析结果表明：2010—2017 年，额济纳东河沿岸的年均地下水水位埋深为 213cm，随着地表径流量的逐年增加，地下水观测井的年均地下水水位均呈现显著的抬升趋势，河岸带地下水水位埋深由 2010

年的 237cm 减小至 178cm，地下水水位抬升了 59cm。河岸带地下水水位随河流输水呈现明显的季节性变化特征，大致表现为冬、春季地下水水位埋深较浅，夏、秋季地下水水位埋深较深。戈壁带地下水水位埋深较河岸带地下水水位埋深（约 2m）深，为 3.5m 左右，且对河流输水的响应较河岸带地下水小。根据地下水观测井距离河道的距离推算，河流输水对地下水水位短期动态的影响范围不超过 10km。河流输水在补充地下水的同时，也相应地淡化了地下水的盐分含量。2001—2017 年期间，额济纳地区地下水 TDS 长时间的变化呈现先减后增的趋势，整体上仍呈下降趋势。随着河流输水的不断增加，地下水水质得到一定了改善。但 2017 年的监测数据表明，近年来地下水盐度又呈现缓慢增加的态势。

（4）试验获得了区域地表-地下水转化关键参数，分析获得了地下水补给径流-排泄特征，构建了三维地下水数值模拟模型，模拟分析了生态输水以来地下水储量、补给量和排泄量的变化特征。

通过野外原位竖管试验、河床原状沉积物水分特征曲线测定以及河床沉积物粒径分析等方法得出额济纳河流 13 个断面河水与地下水转化关键参数。试验结果表明，河床渗透系数 K 为 0.02~53.7m/d，空间差异性显著。河床渗透系数受河床沉积物温度影响明显，呈现出显著的季节性变化特征。通过分析含水层的水文地质参数（渗透系数和给水度），将地下水数值模拟区概化为 6 个分区。同时，根据实际水文地质和自然地理条件，将含水层概化为三层，源汇项主要包括降水入渗补给、河流渗漏补给、地下水侧向补给、地下水开采和潜水蒸散发。基于前期研究，构建了地下水系统概念性模型，并应用 Processing Modflow X 软件建立了额济纳地下水三维数值模拟模型，并对模型参数进行了率定。

利用地下水数值模型分析了 2000—2017 年地下水水位与水量变化。结果显示：①2000—2017 年期间，模拟区地下水水位整体得到抬升，地下水储量共增加 15.78 亿 m^3，年均增加 0.87 亿 m^3；②地下水的总补给量为 73.22 亿 m^3，其中河流渗漏补给占总补给 80%，是模拟区地下水补给的主要来源；③地下水总排泄量为 57.44 亿 m^3，其中蒸散发量占 87%，是该地区地下水排泄的主要方式；④研究区 90% 以上区域地下水水位得到抬升，多年平均抬升速率为 0～0.58m/a。

通过地下水数值模拟，揭示了生态输水以来额济纳地区地下水水量变化特征，并指出河流渗漏补给和地下水蒸散发是影响地下水储量动态的两大关键因素。在地下水数值模型建立过程中，采用 Evapotranspiration Segments（ETS）程序包计算蒸散发量，提高了地下水数值模型的可靠性和模拟结果的可信度。

8.2 展　　望

自 2000 年黑河实施生态输水工程以来，额济纳地区生态环境得到了明显改善，绿洲植被再现生机，生态输水取得了显著的成效。然而，因地处极端干旱气候区，水资源受控于上游的产水量和中游的用水量，未来进入额济纳绿洲的地表径流量受气候变化和上中游人类活动的影响而具有不确定性。同时，额济纳的生态文明建设和美丽中国建设可能也需要增加用水量。如何能水尽其用、将有限的水发挥最大的效益，是目前需要迫切解决的问题。根据前期研究成果，建议下一步需要开展如下工作：

1. 科学分析与评价生态输水利用效率

为了进一步提升黑河生态输水管理水平，必须面对以下两个问题：生态输水是否得到最大化利用？其利用效率如何？目前，还没有针对干旱区内陆河下游生态输水的实际情况和管理需求的生态输水利用效率分析与评价。与之最相近的是生态用水效率评价，其评价虽可反映生态系统的用水情况，但无法指导输水管理实践，因此需要深入分析与评估，切实为完善生态输水管理服务。

2. 深入研究生态输水利用效率提升的潜力

提升黑河下游生态输水利用效率是黑河水资源管理的关键工作。生态输水利用效率提升空间、途径及评判方法等问题相对复杂而研究少有涉及，成为生态输水管理决策支撑的短板。受气候变化和人类活动的影响，额济纳地区地表水、地下水、地表耗水景观等会相应地发生变化，构成了一个复杂而非稳定的联动系统，认识这个系统的联动响应关系，涉及生态学、水文学等多学科知识。因此急需开展联合攻关，解决生态输水利用效率提升问题，实现对生态输水管理实践特别是提高区域水资源利用效率的现实提供支撑服务。

3. 加大水资源与绿洲生态的监测能力建设

将建设生态安全监测预警及评估体系作为提升监测能力的主要任务。要加强额济纳绿洲水资源与生态环境的监测能力，提高生态环境监测立体化、自动化、智能化水平。需要在全面开展地下水监测的基础上，建立无线远程生态环境监控系统，覆盖到以狼心山到东居延海、西居延海的三角形区域；建立额济纳绿洲河岸带植被及水域状态的长期综合监测与实时预报业务系统。在此基础上，建立信息共享平台及生态监测信息库，实现从宏观和微观角度多层次、全方位地了解生态环境质量的状况，评估生态输水的效果。

4. 加快建设生态输水响应实时评估与预警系统

实时评估是及时调整输水管理决策的前提，要建立实时可靠的监测体系和评估体系。未来应坚持开展气象、水文、生态的长期连续定位观测工作；研发区域生态环境承载能力评估的指标体系和方法、区域生态效应和环境风险预测评估大数据分析和云计算技术。开展区域生态格局演变规律、生态退化与修复机理研究，实时评估生态输水的效果，发布生态状况通报及生态威胁预警信息。

5. 建设生态输水的智能化管理平台

生态输水的高水平、智能化管理不仅关系到额济纳旗的发展以及绿洲的保护，更关乎黑河流域的可持续发展。急需建设高水平的智能化流域水资源管理平台，考虑结合物联网、云计算、互联网和大数据技术，研究和开发适用于生态环境的在线自动化监测与服务系统，提供数据采集、数据分析、数据存储、视频监控、告警预警、数据展示、管理决策以及用户接入功能，实现智慧化流域管理，为更科学地进行生态输水，更加有效地提高流域水资源利用管理水平和生态环境区域管理能力提供支撑。

参 考 文 献

敖菲，于静洁，王平，等，2012. 黑河下游地下水位变化特征及其原因 [J]. 自然资源学报，27（4）：686-696.

曹剑峰，迟宝明，王文科，2006. 专门水文地质学 [M]. 3 版. 北京：科学出版社.

曹玉清，胡宽瑢，李振拴，2009. 地下水化学动力学与生态环境区划分 [M]. 北京：科学出版社.

陈建生，汪集旸，赵霞，等，2004. 用同位素方法研究额济纳盆地承压含水层地下水的补给 [J]. 地质论评，50（6）：649-658.

程国栋，肖洪浪，傅伯杰，等，2014. 黑河流域生态-水文过程集成研究进展 [J]. 地球科学进展，29（4）：431-437.

杜尧，马腾，邓娅敏，等，2017. 潜流带水文-生物地球化学：原理、方法及其生态意义 [J]. 地球科学，42（5）：661-673.

冯斯美，宋进喜，来文立，等，2013. 河流潜流带渗透系数变化研究进展 [J]. 南水北调与水利科技，11（3）：123-126.

何志斌，赵文智，2007. 河床水力传导度及其各向异性的测定 [J]. 水科学进展，18（3）：351-355.

胡建华，宋红霞，2007. 黑河额济纳绿洲地表水与地下水的关系 [J]. 人民黄河，（12）：51-52.

胡立堂，王忠静，赵建世，等，2007. 地表水和地下水相互作用及集成模型研究 [J]. 水利学报，38（1）：54-59.

黄丽，郑春苗，刘杰，等，2012. 分布式光纤测温技术在黑河中游地表水与地下水转换研究中的应用 [J]. 水文地质工程地质，39（2）：1-6.

靳孟贵，鲜阳，刘延锋，2017. 脱节型河流与地下水相互作用研究进展 [J]. 水科学进展，28（1）：149-160.

井家林，2014．极端干旱区绿洲胡杨根系空间分布特征及其构型研究［D］．北京：北京林业大学．

李文鹏，康卫东，等．2010．西北典型内流盆地水资源调控与优化利用模式——以黑河流域为例［M］．北京：地质出版社．

李蓓，张一驰，于静洁，等，2017．东居延海湿地恢复进程研究［J］．地理研究，36（7）：1223－1232．

李洪波，侯光才，尹立河，等，2012．基于改进 White 方法的地下水蒸散发研究［J］．地质通报，31（6）：989－993．

刘传琨，胡玥，刘杰，等，2014．基于温度信息的地表-地下水交互机制研究进展［J］．水文地质工程地质，41（5）：5－10，18．

刘登峰，田富强，林木，等，2014．基于生态水文耦合模型的塔里木河下游人工输水优化方案研究［J］．水力发电学报，33（4）：51－59．

刘莉莉，刘静，王开云，等，2008．额济纳绿洲沿河区地下水位埋深对生态输水的响应研究［J］．内蒙古农业大学学报（自然科学版），29（2）：58－63．

刘啸，张一驰，杜朝阳，等，2015．额济纳三角洲土地利用现状及其蒸散发量时空分异特征［J］．南水北调与水利科技，13（4）：609－613．

刘钟龄，朱宗元，郝敦元，2002．黑河流域地域系统的下游绿洲带资源——环境安全［J］．自然资源学报，17（3）：286－293．

马瑞，董启明，孙自永，等，2013．地表水与地下水相互作用的温度示踪与模拟研究进展［J］．地质科技情报，32（2）：131－137．

闵雷雷，2013．干旱区间歇性河流河水渗漏观测与模拟——以额济纳东河为例［D］．北京：中国科学院大学．

庞忠和，2014．新疆水循环变化机理与水资源调蓄［J］．第四纪研究，34（5）：907－917．

钱云平，秦大军，庞忠和，等，2006．黑河下游额济纳盆地深层地下水来源的探讨［J］．水文地质工程地质，25（3）：25－29．

秦建明，黄永江，1999．浅析额济纳河水资源的变化对其流域天然植被演化过程的影响［J］．内蒙古林业调查设计，（4）：144－146．

沈照理，1985．水文地质学［M］．北京：科学出版社．

束龙仓，Chen X H，2002．美国内布拉斯加州普拉特河河床沉积物渗透系数的现场测定［J］．水科学进展，13（5）：629－633．

束龙仓，Chen X H，2003. 河流-含水层系统中水文要素的变化过程分析 [J]. 河海大学学报（自然科学版），31（3）：251-254.

束龙仓，鲁程鹏，李伟，2008. 考虑参数不确定性的地表水与地下水交换量的计算方法 [J]. 水文地质工程地质，35（5）：68-71.

司建华，冯起，席海洋，等，2006. 极端干旱区柽柳林地蒸散量及能量平衡分析 [J]. 干旱区地理，29（4）：517-522.

司建华，冯起，张小由，等，2005. 黑河下游分水后的植被变化初步研究 [J]. 西北植物学报，25（4）：631-640.

宋进喜，Chen X H，Cheng C，等，2009. 美国内布拉斯加州埃尔克霍恩河河床沉积物渗透系数深度变化特征 [J]. 科学通报，54（24）：3892-3899.

宋进喜，任朝亮，李梦洁，等，2014. 河流潜流带颤蚓生物扰动对沉积物渗透性的影响研究 [J]. 环境科学学报，34（8）：2062-2069.

苏永红，冯起，朱高峰，等，2005. 额济纳旗浅层地下水环境分析 [J]. 冰川冻土，27（2）：297-303.

苏永红，朱高峰，冯起，等，2009. 额济纳盆地浅层地下水演化特征与滞留时间研究 [J]. 干旱区地理，32（4）：544-551.

孙军艳，刘禹，蔡秋芳，等，2006. 额济纳233年来胡杨树轮年表的建立及其所记录的气象、水文变化 [J]. 第四纪研究，26（5）：799-807.

王大纯，张人权，史毅虹，等，1995. 水文地质学基础 [M]. 北京：地质出版社.

王丹丹，2014. 基于水化学的混合单元模型模拟额济纳盆地地下水侧向补给量 [D]. 北京：中国科学院大学.

王丹丹，于静洁，王平，等，2013. 额济纳三角洲浅层地下水化学特征及其影响因素 [J]. 南水北调与水利科技，11（4）：51-55，66.

王根绪，李元寿，王一博，等，2007. 长江源区高寒生态与气候变化对河流径流过程的影响分析 [J]. 冰川冻土，29（2）：159-168.

王平，2018. 西北干旱区间歇性河流与含水层水量交换研究进展与展望 [J]. 地理科学进展，37（2）：183-197.

王平，于静洁，闵雷雷，等，2014. 额济纳绿洲浅层地下水动态监测研究及其进展 [J]. 第四纪研究，34（5）：982-993.

王平，张学静，王田野，等，2018. 估算干旱区地下水依赖型植物蒸散发的

White 法评述 [J]. 地理科学进展, 37 (9): 1159-1170.

温小虎, 仵彦卿, 苏建平, 等, 2006. 额济纳盆地地下水盐化特征及机理分析 [J]. 中国沙漠, 26 (5): 836-841.

武选民, 陈崇希, 史生胜, 等, 2003. 西北黑河额济纳盆地水资源管理研究——三维地下水流数值模拟 [J]. 地球科学, 28 (5): 527-532.

吴志伟, 宋汉周, 2011. 地下水温度示踪理论与方法研究进展 [J]. 水科学进展, 22 (5): 733-740.

仵彦卿, 张应华, 温小虎, 等, 2004. 西北黑河下游盆地河水与地下水转化的新发现 [J]. 自然科学进展, 14 (12): 1428-1433.

武强, 徐军祥, 张自忠, 等, 2005. 地表河网-地下水流系统耦合模拟Ⅱ: 应用实例 [J]. 水利学报, 36 (6): 754-758.

武选民, 史生胜, 黎志恒, 等, 2002. 西北黑河下游额济纳盆地地下水系统研究 (上) [J]. 水文地质工程地质, (1): 16-20.

席海洋, 2009. 额济纳盆地地下水动态变化规律及数值模拟研究 [D]. 兰州: 中国科学院寒区旱区环境与工程研究所.

夏延国, 董芳宇, 吕爽, 等, 2015. 极端干旱区胡杨细根的垂直分布和季节动态 [J]. 北京林业大学学报, 37 (7): 37-44.

徐贵青, 李彦, 2009. 共生条件下三种荒漠灌木的根系分布特征及其对降水的响应 [J]. 生态学报, 29 (1): 130-137.

徐敩祖, 王家澄, 张立新, 2001. 冻土物理学 [M]. 北京: 科学出版社.

徐永亮, 2013. 生态输水期间额济纳绿洲区地下水位和水量动态数值模拟 [D]. 北京: 中国科学院大学.

徐永亮, 于静洁, 张一驰, 等, 2014. 生态输水期间额济纳绿洲区地下水动态数值模拟 [J]. 水文地质工程地质, 41 (4): 11-18.

许皓, 李彦, 谢静霞, 等, 2010. 光合有效辐射与地下水位变化对柽柳属荒漠灌木群落碳平衡的影响 [J]. 植物生态学报, 34 (4): 375-386.

薛禹群, 1997. 地下水动力学 [M]. 北京: 地质出版社.

薛禹群, 谢春红, 2007. 地下水数值模拟 [M]. 北京: 科学出版社.

杨成田, 1981. 专门水文地质学 [M]. 北京: 地质出版社.

姚莹莹, 2016. 黑河流域地下水系统变化规律及关键带水流过程研究 [D]. 北京: 北京大学.

张学静，2020. 生态输水后额济纳绿洲地下水位和水化学变化特征及水量变化模拟 [D]. 北京：中国科学院大学.

张光辉，聂振龙，刘少玉，等，2005a. 黑河流域走廊平原地下水补给源组成及其变化 [J]. 水科学进展，16（5）：673－678.

张光辉，聂振龙，王金哲，等，2005b. 黑河流域水循环过程中地下水同位素特征及补给效应 [J]. 地球科学进展，20（5）：511－519.

张竞，王旭升，胡晓农，2015. 巴丹吉林沙漠地下水流场的宏观特征 [J]. 中国沙漠，35（3）：774－782.

张俊，孙自永，余绍文，2008. 黑河下游额济纳盆地地下水系统划分 [J]. 地下水，30（1）：12－14，31.

张武文，史生胜，2002. 额济纳绿洲地下水动态与植被退化关系的研究 [J]. 冰川冻土，24（4）：421－425.

张一驰，于静洁，乔茂云，等，2011. 黑河流域生态输水对下游植被变化影响研究 [J]. 水利学报，42（7）：757－765.

张应华，仵彦卿，乔茂云，2003. 黑河下游河床渗漏试验研究 [J]. 干旱区研究，20（4）：257－260.

赵传燕，李守波，冯兆东，2010. 黑河下游地下水波动带地下水时空分布模拟研究：研究区离散化与潜水蒸发空间化 [J]. 中国沙漠，30（1）：198－203.

赵传燕，李守波，冯兆东，等，2009. 黑河下游地下水波动带地下水位动态变化研究 [J]. 中国沙漠，29（2）：365－369，387.

中国科学院地学部，1996. 西北干旱区水资源考察报告：关于黑河、石羊河流域合理用水和拯救生态问题的建议 [J]. 地球科学进展，11（1）：1－4.

谢全圣，1980. 中华人民共和国区域水文地质普查报告（1：50 万）额济纳旗幅，K－47－[24] [R].

周爱国，徐恒力，陈刚，2000. 北方地区地下水系统退化的气候干旱化效应 [J]. 地球科学，25（5）：510－513.

周幼吾，郭东信，程国栋，等，2000. 中国冻土 [M]. 北京：科学出版社.

朱金峰，刘悦忆，章树安，等，2017. 地表水与地下水相互作用研究进展 [J]. 中国环境科学，37（8）：3002－3010.

朱军涛，于静洁，王平，等，2011. 额济纳荒漠绿洲植物群落的数量分类及其与地下水环境的关系分析 [J]. 植物生态学报，35（5）：480－489.

ACHARYA S, JAWITZ J W, MYLAVARAPU R S, 2012. Analytical expressions for drainable and fillable porosity of phreatic aquifers under vertical fluxes from evapotranspiration and recharge [J]. Water Resources Research, 48: W11526.

ACHARYA S, MYLAVARAPU R, JAWITZ J, 2014. Evapotranspiration estimation from diurnal water table fluctuations: Implementing drainable and fillable porosity in the White method [J]. Vadose Zone Journal, 13 (9): 1-13.

ADAMS S, TITUS R, PIETERSEN K, et al., 2001. Hydrochemical characteristics of aquifers near Sutherland in the Western Karoo, South Africa [J]. Journal of Hydrology, 241 (1-2): 91-103.

ALYAMANI M S, ŞEN Z, 1993. Determination of hydraulic conductivity from complete grain-size distribution curves [J]. Ground Water, 31 (4): 551-555.

ANDERSON M P, 2005. Heat as a ground water tracer [J]. Ground Water, 43 (6): 951-968.

ANIBAS C, BUIS K, VERHOEVEN R, et al., 2011. A simple thermal mapping method for seasonal spatial patterns of groundwater-surface water interaction [J]. Journal of Hydrology, 397 (1-2): 93-104.

ANIBAS C, FLECKENSTEIN J H, VOLZE N, et al., 2009. Transient or steady-state? Using vertical temperature profiles to quantify groundwater-surface water exchange [J]. Hydrological Processes, 23 (15): 2165-2177.

ANIBAS C, SCHNEIDEWIND U, VANDERSTEEN G, et al., 2016. From streambed temperature measurements to spatial-temporal flux quantification: Using the LPML method to study groundwater-surface water interaction [J]. Hydrological Processes, 30 (2): 203-216.

BEAMER J P, HUNTINGTON J L, MORTON C G, et al., 2013. Estimating annual groundwater evapotranspiration from phreatophytes in the Great Basin using Landsat and flux tower measurements [J]. Journal of the American Water Resources Association, 49 (3): 518-533.

BLANEY H F, TAYLOR C A, YOUNG A A, 1930. Rainfall penetration and consumptive use of water in the Santa Ana River Valley and Coastal Plain A Cooperative Progress Report [R]. California Department of Public Works: Division of Water Resorces.

BROOKS R H, COREY A T, 1964. Hydraulic properties of porous media [R]. Hydrology papers. Fort Collins, Colorado: Colorado State University: 25.

BRUNNER P, COOK P G, SIMMONS C T, 2009. Hydrogeologic controls on disconnection between surface water and groundwater [J]. Water Resources Research, 45 (1): W01422.

BRUNNER P, COOK P G, SIMMONS C T, 2011. Disconnected surface water and groundwater: From theory to practice [J]. Ground Water, 49 (4): 460 – 467.

BRUNNER P, THERRIEN R, RENARD P, et al. , 2017. Advances in understanding river – groundwater interactions [J]. Reviews of Geophysics, 55 (3): 818 – 854.

BUTLER J J, KLUITENBERG G J, WHITTEMORE D O, et al. , 2007. A field investigation of phreatophyte – induced fluctuations in the water table [J]. Water Resources Research, 43 (2): W02404.

CAISSIE D, LUCE C H, 2017. Quantifying streambed advection and conduction heat fluxes [J]. Water Resources Research, 53 (2): 1595 – 1624.

CALVER A, 2001. Riverbed permeabilities: Information from pooled data [J]. Ground Water, 39 (4): 546 – 553.

CARLING G T, MAYO A L, TINGEY D, et al. , 2012. Mechanisms, timing, and rates of arid region mountain front recharge [J]. Journal of Hydrology, 428: 15 – 31.

CHEN J S, ZHAO X, SHENG X F, et al. , 2006. Formation mechanisms of megadunes and lakes in the Badain Jaran Desert, Inner Mongolia [J]. Chinese Science Bulletin, 51 (24): 3026 – 3034.

CHEN W F, HUANG C, CHANG M, et al. , 2013. The impact of floods on infiltration rates in a disconnected stream [J]. Water Resources Research, 49 (12): 7887 – 7899.

CHEN X H, 2000. Measurement of streambed hydraulic conductivity and its anisotropy [J]. Environmental Geology, 39 (12): 1317 – 1324.

CHEN X H, 2004. Streambed hydraulic conductivity for rivers in south – central Nebraska [J]. Journal of the American Water Resources Association, 40 (3): 561 – 573.

CHEN X, SONG J, WANG W, 2010. Spatial variability of specific yield and vertical hydraulic conductivity in a highly permeable alluvial aquifer [J]. Journal of Hydrology, 388 (3 – 4): 379 – 388.

CHEN X H, 2011. Depth – dependent hydraulic conductivity distribution patterns of a streambed [J]. Hydrological Processes, 25 (2): 278 – 287.

CHEN Y, PANG Z, CHEN Y, et al., 2008. Response of riparian vegetation to water – table changes in the lower reaches of Tarim River, Xinjiang Uygur, China [J]. Hydrogeology Journal, 16 (7): 1371 – 1379.

CHENG D H, LI Y, CHEN X H, et al., 2013. Estimation of groundwater evaportranspiration using diurnal water table fluctuations in the Mu Us Desert, northern China [J]. Journal of Hydrology, 490: 106 – 113.

CHENG G D, 1983. The mechanism of repeated – segregation for the formation of thick layered ground ice [J]. Cold Regions Science and Technology, 8 (1): 57 – 66.

CLAPP R B, HORNBERGER G M, 1978. Empirical equations for some soil hydraulic properties [J]. Water Resources Research, 14 (4): 601 – 604.

CLEVERLY J R, DAHM C N, THIBAULT J R, et al., 2006. Riparian ecohydrology: Regulation of water flux from the ground to the atmosphere in the Middle Rio Grande, New Mexico [J]. Hydrological Processes, 20 (15): 3207 – 3225.

CONSTANTZ J, 2008. Heat as a tracer to determine streambed water exchanges [J]. Water Resources Research, 44 (4): W00D10.

CONSTANTZ J, 2016. Streambeds merit recognition as a scientific discipline [J]. Wiley Interdisciplinary Reviews – Water, 3 (1): 13 – 18.

CONSTANTZ J, COX M H, SU G W, 2003. Comparison of heat and bromide as ground water tracers near streams [J]. Ground Water, 41 (5): 647 – 656.

CONSTANTZ J, THOMAS C L, ZELLWEGER G, 1994. Influence of diurnal variations in stream temperature on streamflow loss and groundwater recharge

[J]. Water Resources Research, 30 (12): 3253 – 3264.

COOK P G, 2015. Quantifying river gain and loss at regional scales [J]. Journal of Hydrology, 531: 749 – 758.

CROSBIE R S, BINNING P, KALMA J D, 2005. A time series approach to inferring groundwater recharge using the water table fluctuation method [J]. Water Resources Research, 41 (1): W01008.

CUTHBERT M O, 2010. An improved time series approach for estimating groundwater recharge from groundwater level fluctuations [J]. Water Resources Research, 46 (9): W09515.

CUTHBERT M O, MACKAY R, DURAND V, et al., 2010. Impacts of river bed gas on the hydraulic and thermal dynamics of the hyporheic zone [J]. Advances in Water Resources, 33 (11): 1347 – 1358.

DAHAN O, TATARSKY B, ENZEL Y, et al., 2008. Dynamics of flood water infiltration and ground water recharge in hyperarid desert [J]. Ground Water, 46 (3): 450 – 461.

DATRY T, LARNED S T, TOCKNER K, 2014. Intermittent Rivers: A challenge for freshwater ecology [J]. Bioscience, 64 (3): 229 – 235.

DAWSON T E, 1993. Hydraulic lift and water use by plants: Implications for water balance, performance and plant – plant interactions [J]. Oecologia, 95 (4): 565 – 574.

DE VRIES J, SIMMERS I, 2002. Groundwater recharge: An overview of processes and challenges [J]. Hydrogeology Journal, 10 (1): 5 – 17.

DOBLE R C, CROSBIE R S, SMERDON B D, et al., 2012. Groundwater recharge from overbank floods [J]. Water Resources Research, 48 (9): W09522.

DOLAN T J, HERMANN A J, BAYLEY S E, et al., 1984. Evapotranspiration of a florida, USA, fresh – water wetland [J]. Journal of Hydrology, 74 (3 – 4): 355 – 371.

DOPPLER T, FRANSSEN H J H, KAISER H P, et al., 2007. Field evidence of a dynamic leakage coefficient for modelling river – aquifer interactions [J]. Journal of Hydrology, 347 (1 – 2): 177 – 187.

DUKE H, 1972. Capillary properties of soils – influence upon specific yield [J].

T. Am. Soc. Agr. Eng, 15: 688 – 691.

DUQUE C, CALVACHE M L, ENGESGAARD P, 2010. Investigating river – aquifer relations using water temperature in an anthropized environment (Motril – Salobreña aquifer) [J]. Journal of Hydrology, 381 (1 – 2): 121 – 133.

EAMUS D, ZOLFAGHAR S, VILLALOBOS – VEGA R, et al. , 2015. Groundwater – dependent ecosystems: Recent insights from satellite and field – based studies [J]. Hydrology and Earth System Sciences, 19 (10): 4229 – 4256.

EDMUNDS W M, GUENDOUZ A H, MAMOU A, et al. , 2003. Groundwater evolution in the Continental Intercalaire aquifer of southern Algeria and Tunisia: Trace element and isotopic indicators [J]. Applied Geochemistry, 18 (6): 805 – 822.

EDMUNDS W M, MA J Z, AESCHBACH – HERTIG W, et al. , 2006. Groundwater recharge history and hydrogeochemical evolution in the Minqin Basin, North West China [J]. Applied Geochemistry, 21 (12): 2148 – 2170.

ELMORE A J, MANNING S J, MUSTARD J F, et al. , 2006. Decline in alkali meadow vegetation cover in California: The effects of groundwater extraction and drought [J]. Journal of Applied Ecology, 43 (4): 770 – 779.

ENGEL V, JOBBAGY E G, STIEGLITZ M, et al. , 2005. Hydrological consequences of eucalyptus afforestation in the argentine pampas [J]. Water Resources Research, 41 (10): W10409.

ESSAID H I, ZAMORA C M, MCCARTHY K A, et al. , 2008. Using heat to characterize streambed water flux variability in four stream reaches [J]. Journal of Environmental Quality, 37 (3): 1010 – 1023.

FAHLE M, DIETRICH O, 2014. Estimation of evapotranspiration using diurnal groundwater level fluctuations: Comparison of different approaches with groundwater lysimeter data [J]. Water Resources Research, 50 (1): 273 – 286.

FAN J L, OSTERGAARD K T, GUYOT A, et al. , 2016. Estimating groundwater evapotranspiration by a subtropical pine plantation using diurnal water table fluctuations: Implications from night – time water use [J]. Journal of Hydrology, 542: 679 – 685.

FAN Y, MIGUEZ – MACHO G, JOBBÁGY E G, et al. , 2017. Hydrologic regulation of plant rooting depth [J]. Proceedings of the National Academy of Sciences, 114 (40): 10572 – 10577.

FAURE G, 1998. Principles and applications of geochemistry: A comprehensive textbook for geology students [M]. New Jersey: Prentice Hall.

FENG Q, LIU W, SU Y H, et al., 2004. Distribution and evolution of water chemistry in Heihe River basin [J]. Environmental Geology, 45 (7): 947 – 956.

FISHER J B, BALDOCCHI D D, MISSON L, et al., 2007. What the towers don't see at night: Nocturnal sap flow in trees and shrubs at two AmeriFlux sites in California [J]. Tree Physiology, 27 (4): 597 – 610.

FLECKENSTEIN J H, KRAUSE S, HANNAH D M, et al., 2010. Groundwater – surface water interactions: New methods and models to improve understanding of processes and dynamics [J]. Advances in Water Resources, 33 (11): 1291 – 1295.

FOX G A, DURNFORD D S, 2003. Unsaturated hyporheic zone flow in stream/aquifer conjunctive systems [J]. Advances in Water Resources, 26 (9): 989 – 1000.

FREY K E, MCCLELLAND J W, 2009. Impacts of permafrost degradation on arctic river biogeochemistry [J]. Hydrological Processes, 23 (1): 169 – 182.

GAO T G, ZHANG T J, CAO L, et al., 2016. Reduced winter runoff in a mountainous permafrost region in the northern Tibetan Plateau [J]. Cold Regions Science and Technology, 126: 36 – 43.

GATES J B, EDMUNDS W M, DARLING W G, et al., 2008. Conceptual model of recharge to southeastern Badain Jaran Desert groundwater and lakes from environmental tracers [J]. Applied Geochemistry, 23 (12): 3519 – 3534.

GERECHT K E, CARDENAS M B, GUSWA A J, et al., 2011. Dynamics of hyporheic flow and heat transport across a bed – to – bank continuum in a large regulated river [J]. Water Resources Research, 47 (3): W03524.

GERLA P J, 1992. The relationship of water – table changes to the capillary fringe, evapotranspiration, and precipitation in intermittent wetlands [J]. Wetlands, 12 (2): 91 – 98.

GIBSON S, HEATH R, ABRAHAM D, et al., 2011. Visualization and analysis of temporal trends of sand infiltration into a gravel bed [J]. Water Resources Research, 47 (12): W12601.

GONFIANTINI R, 1978. Standards for stable isotope measurements in natural compounds [J]. Nature, 271 (5645): 534 – 536.

GOU S, GONZALES S, MILLER G R, 2015. Mapping potential groundwater – dependent ecosystems for sustainable management [J]. Groundwater, 53 (1): 99 – 110.

GOU S, MILLER G, 2014. A groundwater – soil – plant – atmosphere continuum approach for modelling water stress, uptake, and hydraulic redistribution in phreatophytic vegetation [J]. Ecohydrology, 7 (3): 1029 – 1041.

GREEN S R, MCNAUGHTON K G, CLOTHIER B E, 1989. Observations of night – time water use in kiwifruit vines and apple trees [J]. Agricultural and Forest Meteorology, 48 (3 – 4): 251 – 261.

GRIBOVSZKI Z, KALICZ P, SZILAGYI J, et al., 2008. Riparian zone evapotranspiration estimation from diurnal groundwater level fluctuations [J]. Journal of Hydrology, 349 (1 – 2): 6 – 17.

GUO Q L, FENG Q, LI J L, 2009. Environmental changes after ecological water conveyance in the lower reaches of Heihe River, northwest China [J]. Environmental Geology, 58 (7): 1387 – 1396.

HAISE H R, KELLEY O J, 1950. Causes of diurnal fluctuations of tensiometers [J]. Soil Science, 70 (4): 301 – 314.

HALLORAN L J S, RAU G C, ANDERSEN M S, 2016. Heat as a tracer to quantify processes and properties in the vadose zone: A review [J]. Earth – Science Reviews, 159: 358 – 373.

HANTUSH M S, 1965. Wells near streams with semipervious beds [J]. Journal of Geophysical Research, 70 (12): 2829 – 2838.

HATCH C E, FISHER A T, REVENAUGH J S, et al., 2006. Quantifying surface water – groundwater interactions using time series analysis of streambed thermal records: Method development [J]. Water Resources Research, 42 (10): W10410.

HATCH C E, FISHER A T, RUEHL C R, et al. , 2010. Spatial and temporal variations in streambed hydraulic conductivity quantified with time – series thermal methods [J]. Journal of Hydrology, 389 (3 – 4), 276 – 288.

HAYS K B, 2003. Water use by saltcedar (Tamarix sp.) and associated vegetation on the Canadian, Colorado and Pecos Rivers in Texas [D]. USA: Texas A&M University.

HEALY R W, 2010. Estimating Groundwater Recharge [M]. Britain: Cambridge University Press.

HEALY R W, ESSAID H I, 2012. VS2DI: Model use, calibration, and validation [J]. Transactions of the ASABE, 55 (4): 1249 – 1260.

HEALY R W, RONAN A D, 1996. Documentation of computer program VS2DH for simulation of energy transport in variably saturated porous media—Modification of the U. S. Geological Survey's computer program VS2DT [R]. Water resources investigation report 96 – 4230. Denver, Colorado: U. S. Geological Survey.

HINKEL K M, ARP C D, TOWNSEND – SMALL A, et al. , 2017. Can deep groundwater influx be detected from the geochemistry of thermokarst lakes in arctic Alaska [J]. Permafrost and Periglacial Processes, 28 (3): 552 – 557.

HOFFMANN J P, RIPICH M A, ELLETT K M, 2002. Characteristics of shallow deposits beneath Rillito Creek, Pima County, Arizona [R]. Water – resources investigations report 01 – 4257. Tucson, AZ: US Geological Survey: 42.

HOU L G, XIAO H L, SI J H, et al. , 2010. Evapotranspiration and crop coefficient of Populus euphratica Oliv forest during the growing season in the extreme arid region northwest China [J]. Agricultural Water Management, 97 (2): 351 – 356.

HUANG X, ANDREWS C B, LIU J, et al. , 2016. Assimilation of temperature and hydraulic gradients for quantifying the spatial variability of streambed hydraulics [J]. Water Resources Research, 52 (8): 6419 – 6439.

HUNT B, 1999. Unsteady stream depletion from ground water pumping [J]. Ground Water, 37 (1): 98 – 102.

HVORSLEV M J, 1951. Time lag and soil permeability in groundwater observations [R]. Waterways experiment station bulletin 36. Vicksburg, MS: US Army Corps of Engineers.

HYUN Y, KIM H, LEE S – S, et al. , 2011. Characterizing streambed water fluxes using temperature and head data on multiple spatial scales in Munsan stream, South Korea [J]. Journal of Hydrology, 402 (3 – 4): 377 – 387.

IEAI/WMO, 2007. Global Network of Isotopes in Precipitation. <http: //www – naweb. iaea. org/napc/ih/index. html>.

JIANG X W, SUN Z C, ZHAO K Y, et al. , 2017. A method for simultaneous estimation of groundwater evapotranspiration and inflow rates in the discharge area using seasonal water table fluctuations [J]. Journal of Hydrology, 548: 498 – 507.

JIN X, HU G, LI W, 2008. Hysteresis effect of runoff of the Heihe River on vegetation cover in the Ejina Oasis in Northwestern China [J]. Earth Science Frontiers 15: 198 – 203.

JOHNSON A I, 1967. Specific yield——compilation of specific yields for various materials [R]. USGS Water Paper: 1662 – D, 1 – 74.

JOLLY I D, MCEWAN K L, HOLLAND K L, 2008. A review of groundwater – surface water interactions in arid/semi – arid wetlands and the consequences of salinity for wetland ecology [J]. Ecohydrology, 1 (1): 43 – 58.

JONES B F, EUGSTER H P, RETTIG S L, 1977. Hydrochemistry of Lake Magadi Basin, Kenya [J]. Geochimica et Cosmochimica Acta, 41 (1): 53 – 72.

KALBUS E, REINSTORF F, SCHIRMER M, 2006. Measuring methods for groundwater – surface water interactions: A review [J]. Hydrology and Earth System Sciences, 10 (6): 873 – 887.

KLINKER L, HANSEN H, 1964. Bemerkungen zur tagesperiodischen variationen des grundwasserhorizontes und des wasserstandes in kleinen wasserlaufen [J]. Zeitschrift für Meteorologie, 17: 240 – 245.

LAPHAM W, 1989. Use of temperature profiles beneath streams to determine rates of vertical ground – water flow and vertical hydraulic conductivity [R]. Water supply paper 2337. Dept of the Interior, US. Geological Survey.

LANDON M K, RUS D L, HARVEY F E, 2001. Comparison of instream methods for measuring hydraulic conductivity in sandy streambeds [J]. Ground Water, 39 (6): 870 - 885.

LAUTZ L K, 2008. Estimating groundwater evapotranspiration rates using diurnal water - table fluctuations in a semi - arid riparian zone [J]. Hydrogeology Journal, 16 (3): 483 - 497.

LEE K R, WU J Q, WANG L, et al., 2009. Heterogeneous characteristics of streambed saturated hydraulic conductivity of the Touchet River, south eastern Washington, USA [J]. Hydrological Processes, 23 (8), 1236 - 1246.

LI B, ZHANG Y C, WANG P, et al., 2019. Estimating dynamics of terminal lakes in the second largest endorheic river basin of northwestern China from 2000 to 2017 with landsat imagery [J]. Remote Sensing, 11 (10): 1164.

LIAO C, ZHUANG Q H, 2017. Quantifying the role of permafrost distribution in groundwater and surface water interactions using a three - dimensional hydrological model [J]. Arctic, Antarctic, and Alpine Research, 49 (1): 81 - 100.

LIU X, YU J J, WANG P, et al., 2016. Lake Evaporation in a Hyper - Arid Environment, Northwest of China - Measurement and Estimation [J]. Water, 8 (11): 527.

LOHEIDE S P, 2008. A method for estimating subdaily evapotranspiration of shallow groundwater using diurnal water table fluctuations [J]. Ecohydrology, 1 (1): 59 - 66.

LOHEIDE S P, BUTLER J J, GORELICK S M, 2005. Estimation of groundwater consumption by phreatophytes using diurnal water table fluctuations: A saturated - unsaturated flow assessment [J]. Water Resources Research, 41 (7): W07030.

LUNDQUIST J D, LOTT F, 2008. Using inexpensive temperature sensors to monitor the duration and heterogeneity of snow - covered areas [J]. Water Resources Research, 44 (4): W00D16.

MA J, EDMUNDS W, 2006. Groundwater and lake evolution in the Badain Jaran Desert ecosystem, Inner Mongolia [J]. Hydrogeology Journal, 14 (7): 1231 - 1243.

MÄKELÄ A, GIVNISH T, BERNINGER F, et al., 2002. Challenges and opportunities of the optimality approach in plant ecology [J]. Silva Fennica, 36

（3）：605 – 614.

MARTINET M C, VIVONI E R, CLEVERLY J R, et al. , 2009. On groundwater fluctuations, evapotranspiration, and understory removal in riparian corridors [J]. Water Resources Research, 45 (5)：W05425.

MCCALLUM A M, ANDERSEN M S, RAU G C, et al. , 2014. River – aquifer interactions in a semiarid environment investigated using point and reach measurements [J]. Water Resources Research, 50 (4)：2815 – 2829.

MCLAUGHLIN D L, COHEN M J, 2011. Thermal artifacts in measurements of fine – scale water level variation [J]. Water Resources Research, 47 (9)：2415 – 2422.

MEINZER O E, 1927. Plants as indicators of ground water [R]. Geological survey water supply paper 577. Washington：United States Government Printing Office.

MEYBOOM P, 1965. Three observations on streamflow depletion by phreatophytes [J]. Journal of Hydrology, 2 (3)：248 – 261.

MILLER G R, CHEN X Y, RUBIN Y, et al. , 2010. Groundwater uptake by woody vegetation in a semiarid oak savanna [J]. Water Resources Research, 46 (10)：W10503.

MIN L L, YU J J, LIU C M, et al. , 2013. The spatial variability of streambed vertical hydraulic conductivity in an intermittent river, northwestern China [J]. Environmental Earth Sciences, 69 (3)：873 – 883.

MORIN E, GRODEK T, DAHAN O, et al. , 2009. Flood routing and alluvial aquifer recharge along the ephemeral arid Kuiseb River, Namibia [J]. Journal of Hydrology, 368 (1 – 4)：262 – 275.

MUTITI S, LEVY J, 2010. Using temperature modeling to investigate the temporal variability of riverbed hydraulic conductivity during storm events [J]. Journal of Hydrology, 388 (3 – 4)：321 – 334.

NACHABE M H, 2002. Analytical expressions for transient specific yield and shallow water table drainage [J]. Water Resources Research, 38 (10)：1193.

NACHABE M, SHAH N, ROSS M, et al. , 2005. Evapotranspiration of two vegetation covers in a shallow water table environment [J]. Soil Sci. Soc. Am. J, 69 (2)：492 – 499.

NAUMBURG E, MATA - GONZALEZ R, HUNTER R G, et al., 2005. Phreatophytic vegetation and groundwater fluctuations: A review of current research and application of ecosystem response modeling with an emphasis on Great Basin vegetation [J]. Environmental Management, 35 (6): 726 - 740.

NEWMAN B D, WILCOX B P, ARCHER S R, et al., 2006. Ecohydrology of water - limited environments: A scientific vision [J]. Water Resour. Res, 42 (6): W06302.

NISWONGER R G, PRUDIC D E, 2005. Documentation of the Streamflow - Routing (SFR2) Package to include unsaturated flow beneath streams—a modification to SFR1 [R]. U. S. Geological Survey techniques and methods 6 - A13. Denver, Colorado: U. S. Geological Survey.

NIU G Y, PANICONI C, TROCH P A, et al., 2014. An integrated modelling framework of catchment - scale ecohydrological processes: 1. Model description and tests over an energy - limited watershed [J]. Ecohydrology, 7 (2): 427 - 439.

NIU G Y, TROCH P A, PANICONI C, et al., 2014. An integrated modelling framework of catchment - scale ecohydrological processes: 2. The role of water subsidy by overland flow on vegetation dynamics in a semi - arid catchment [J]. Ecohydrology, 7 (2): 815 - 827.

NOGARO G, MERMILLOD - BLONDIN F, FRANCOIS - CARCAILLET F, et al., 2006. Invertebrate bioturbation can reduce the clogging of sediment: an experimental study using infiltration sediment columns [J]. Freshwater Biology, 51 (8): 1458 - 1473.

NOORDUIJN S L, SHANAFIELD M, TRIGG M A, et al., 2014. Estimating seepage flux from ephemeral stream channels using surface water and groundwater level data [J]. Water Resources Research, 50 (2): 1474 - 1489.

ORELLANA F, VERMA P, LOHEIDE S P, et al., 2012. Monitoring and modeling water - vegetation interactions in groundwater - dependent ecosystems [J]. Reviews of Geophysics, 50 (3): RG3003.

PARTINGTON D, THERRIEN R, SIMMONS C T, et al., 2017. Blueprint for a coupled model of sedimentology, hydrology, and hydrogeology in streambeds [J]. Reviews of Geophysics, 55 (2): 287 - 309.

PEKEL J F, COTTAM A, GORELICK N, et al., 2016. High – resolution mapping of global surface water and its long – term changes [J]. Nature, 540: 418 – 422.

PIPER A M, 1944. A graphic procedure in the geochemical interpretation of water – analyses [J]. Transactions – American Geophysical Union, 25: 914 – 923.

POZDNIAKOV S P, WANG P, LEKHOV M V, 2016. A semi – analytical generalized Hvorslev formula for estimating riverbed hydraulic conductivity with an open – ended standpipe permeameter [J]. Journal of Hydrology, 540: 736 – 743.

POZDNIAKOV S P, WANG P, LEKHOV V A, 2019. An approximate model for predicting the specific yield under periodic water table oscillations [J]. Water Resources Research, 55 (7), 6185 – 6197.

PRUDIC D E, KONIKOW L F, BANTA E R, 2004. A new streamflow – routing (SFR1) package to simulate stream – aquifer interaction with MODFLOW – 2000 [R]. U. S. Geological Survey, open – file report 2004 – 1042. Carson, Nevada: U. S. Department of the Interior, U. S. Geological Survey.

QIN D J, ZHAO Z F, HAN L F, et al., 2012. Determination of groundwater recharge regime and flowpath in the Lower Heihe River basin in an arid area of Northwest China by using environmental tracers: Implications for vegetation degradation in the Ejina Oasis [J]. Applied Geochemistry, 27 (6): 1133 – 1145.

RAMMIG A, MAHECHA M D, 2015. Ecology: Ecosystem responses to climate extremes [J]. Nature, 527 (7578): 315 – 316.

RAU G C, HALLORAN L J S, CUTHBERT M O, et al., 2017. Characterising the dynamics of surface water – groundwater interactions in intermittent and ephemeral streams using streambed thermal signatures [J]. Advances in Water Resources, 107: 354 – 369.

REID M E, DREISS S J., 1990. Modeling the effects of unsaturated, stratified sediments on groundwater recharge from intermittent streams [J]. Journal of Hydrology, 114 (1 – 2): 149 – 174.

REIGNER I C, 1966. A method of estimating steamflow loss by evapotranspiration from the riparian zone [J]. Forest Science, 12 (2): 130 – 139.

RIMON Y, NATIV R, DAHAN O, 2011. Vadose zone water pressure variation during infiltration events [J]. Vadose Zone Journal, 10 (3): 1105 - 1112.

RIVIÈRE A, GONÇALVÈS J, JOST A, et al., 2014. Experimental and numerical assessment of transient stream – aquifer exchange during disconnection [J]. Journal of Hydrology, 517: 574 - 583.

ROBINSON T W, 1958. Phreatophytes [R]. Geological survey water – supply paper 1423. Washington: United States Government Printing Office.

RONAN A D, PRUDIC D E, THODAL C E, et al., 1998. Field study and simulation of diurnal temperature effects on infiltration and variably saturated flow beneath an ephemeral stream [J]. Water Resources Research, 34 (9): 2137 - 2153.

ROSENBERRY D O, 2008. A seepage meter designed for use in flowing water [J]. Journal of Hydrology, 359 (1 - 2): 118 - 130.

ROSENBERRY D O, LABAUGH J W, 2008. Field techniques for estimating water fluxes between surface water and ground water [R]. Techniques and methods chapter 4 - D2. Reston, VA: U. S. Department of the Interior, U. S. Geological Survey.

ROSENBERRY D O, PITLICK J, 2009. Local – scale variability of seepage and hydraulic conductivity in a shallow gravel – bed river [J]. Hydrological Processes, 23 (23): 3306 - 3318.

ROSENBERRY D O, WINTER T C, 1997. Dynamics of water – table fluctuations in an upland between two prairie – pothole wetlands in North Dakota [J]. Journal of Hydrology, 191 (1 - 4): 266 - 289.

ROSHAN H, RAU G C, ANDERSEN M S, et al., 2012. Use of heat as tracer to quantify vertical streambed flow in a two – dimensional flow field [J]. Water Resources Research, 48 (10): W10508.

RUSHTON B, 1996. Hydrologic budget for a freshwater marsh in Florida [J]. JAWRA Journal of the American Water Resources Association, 32 (1): 13 - 21.

SALA A, SMITH S D, DEVITT D A, 1996. Water use by tamarix ramosissima and associated phreatophytes in a Mojave Desert Floodplain [J]. Ecological Applications, 6 (3): 888 - 898.

SCANLON B R, HEALY R W, COOK P G, 2002. Choosing appropriate techniques for quantifying groundwater recharge [J]. Hydrogeology Journal, 10 (1): 18 – 39.

SCANLON B R, KEESE K E, FLINT A L, et al., 2006. Global synthesis of groundwater recharge in semiarid and arid regions [J]. Hydrological Processes, 20 (15): 3335 – 3370.

SCHILLING K E, 2007. Water table fluctuations under three riparian land covers, Iowa (USA) [J]. Hydrological Processes, 21 (18): 2415 – 2424.

SCHIMEL D S, 2010. Drylands in the Earth System [J]. Science, 327 (5964): 418 – 419.

SCHMIDT C, CONANT JR B, BAYER – RAICH M, et al., 2007. Evaluation and field – scale application of an analytical method to quantify groundwater discharge using mapped streambed temperatures [J]. Journal of Hydrology, 347 (3 – 4): 292 – 307.

SELKER J S, THÉVENAZ L, HUWALD H, et al., 2006. Distributed fiber – optic temperature sensing for hydrologic systems [J]. Water Resources Research, 42 (12): W12202.

SI J H, FENG Q, CAO S K, et al., 2014. Water use sources of desert riparian Populus euphratica forests [J]. Environmental Monitoring and Assessment, 186 (9): 5469 – 5477.

SI J H, QI F, WEN X H, et al., 2009. Major ion chemistry of groundwater in the extreme arid region northwest China [J]. Environmental Geology, 57 (5): 1079 – 1087.

SIMPSON S C, MEIXNER T, 2012. Modeling effects of floods on streambed hydraulic conductivity and groundwater – surface water interactions [J]. Water Resources Research, 48 (2): W02515.

SIMUNEK J, VAN GENUCHTEN M T, 2008. Modeling nonequilibrium flow and transport processes using HYDRUS [J]. Vadose Zone Journal, 7 (2): 782 – 797.

ŠIMŮNEK J, VAN GENUCHTEN M T, ŠEJNA M, 2008. Development and applications of the HYDRUS and STANMOD software packages and related codes [J]. Vadose Zone Journal, 7 (2): 587 – 600.

ŠIMŮNEK J, VAN GENUCHTEN M T, ŠEJNA M, 2016. Recent developments and applications of the HYDRUS computer software packages [J]. Vadose Zone Journal, 15 (7): 25.

SONG J X, CHEN X H, CHENG C, 2010. Observation of bioturbation and hyporheic flux in streambeds [J]. Frontiers of Environmental Science & Engineering in China, 4 (3): 340 – 348.

SONG J X, CHEN X H, CHENG C, et al., 2009. Feasibility of grain – size analysis methods for determination of vertical hydraulic conductivity of streambeds [J]. Journal of Hydrology, 375 (3 – 4): 428 – 437.

SOYLU M E, LENTERS J D, ISTANBULLUOGLU E, et al., 2012. On evapotranspiration and shallow groundwater fluctuations: A Fourier – based improvement to the White method [J]. Water Resources Research, 48 (6): W06506.

SU Y H, FENG Q, ZHU G F, et al., 2007. Identification and evolution of groundwater chemistry in the Ejin Sub – Basin of the Heihe River, northwest China [J]. Pedosphere, 17 (3): 331 – 342.

SU Y, ZHU G, FENG Q, et al., 2009. Environmental isotopic and hydrochemical study of groundwater in the Ejina Basin, northwest China [J]. Enviromental Geology, 58: 601 – 614.

SUBRAHMANYAM K, YADAIAH P, 2001. Assessment of the impact of industrial effluents on water quality in Patancheru and environs, Medak district, Andhra Pradesh, India [J]. Hydrogeology Journal, 9 (3): 297 – 312.

SWAN A, SANDILANDS M, 1995. Introduction to Geological Data Analysis [M]. UK: Blackwell Science Press.

TANG Q, KURTZ W, SCHILLING O S, et al., 2017. The influence of riverbed heterogeneity patterns on river – aquifer exchange fluxes under different connection regimes [J]. Journal of Hydrology, 554: 383 – 396.

TIAN F, QIU G Y, YANG Y H, et al., 2013. Estimation of evapotranspiration and its partition based on an extended three – temperature model and MODIS products [J]. Journal of Hydrology, 498: 210 – 220.

TIAN Y, ZHENG Y, WU B, et al., 2015a. Modeling surface water – groundwater interaction in arid and semi – arid regions with intensive agriculture [J]. Environmental Modelling & Software, 63: 170 – 184.

TIAN Y, ZHENG Y, ZHENG C M, et al. , 2015b. Exploring scale – dependent ecohydrological responses in a large endorheic river basin through integrated surface water – groundwater modeling [J]. Water Resources Research, 51 (6): 4065 – 4085.

TOOTH S, 2000. Process, form and change in dryland rivers: A review of recent research [J]. Earth – Science Reviews, 51 (1 – 4): 67 – 107.

TROXELL H, 1936. The diurnal fluctuation in the ground – water and flow of the Santa Ana River and its meaning [J]. Transactions of the American Geophysical Union, 17 (4): 496 – 504.

TURNER K W, EDWARDS T W D, WOLFE B B, 2014. Characterising runoff generation processes in a lake – rich thermokarst landscape (Old Crow Flats, Yukon, Canada) using δ18O, δ2H and d – excess measurements [J]. Permafrost and Periglacial Processes, 25 (1): 53 – 59.

VAN GENUCHTEN M T, 1980. A closed – form equation for predicting the hydraulic conductivity of unsaturated soils [J]. Soil Science Society of America Journal, 44 (5): 892 – 898.

VANDERSTEEN G, SCHNEIDEWIND U, ANIBAS C, et al. , 2015. Determining groundwater – surface water exchange from temperature – time series: Combining a local polynomial method with a maximum likelihood estimator [J]. Water Resources Research, 51 (2): 922 – 939.

VASILEVSKIY P, WANG P, POZDNIAKOV S, et al. , 2019. Revisiting the modified Hvorslev formula to account for the dynamic process of streambed clogging: Field validation [J]. Journal of Hydrology, 568, 862 – 866.

VASILEVSKIY P, WANG P, POZDNIAKOV S, et al. , 2022. Simulating river/lake – groundwater exchanges in arid river basins: An improvement constrained by lake surface area dynamics and evapotranspiration [J]. Remote Sensing, 14 (7), 1657.

VCEVOLOSHSKY V A, 2007. Basic hydrogeology [M]. Moscow: MSU.

VILLENEUVE S, COOK P G, SHANAFIELD M, et al. , 2015. Groundwater recharge via infiltration through an ephemeral riverbed, central Australia [J]. Journal of Arid Environments, 117: 47 – 58.

VOGT T, SCHIRMER M, CIRPKA O A, 2012. Investigating riparian groundwater flow close to a losing river using diurnal temperature oscillations at high vertical resolution [J]. Hydrology and Earth System Sciences, 16 (2), 473 - 487.

VOGT T, SCHNEIDER P, HAHN - WOERNLE L, et al., 2010. Estimation of seepage rates in a losing stream by means of fiber - optic high - resolution vertical temperature profiling [J]. Journal of Hydrology, 380 (1 - 2); 154 - 164.

VONLANTHEN B, ZHANG X, BRUELHEIDE H, 2010. On the run for water - Root growth of two phreatophytes in the Taklamakan Desert [J]. Journal of Arid Environments, 74 (12); 1604 - 1615.

WALVOORD M A, STRIEGL R G, 2007. Increased groundwater to stream discharge from permafrost thawing in the Yukon River basin; Potential impacts on lateral export of carbon and nitrogen [J]. Geophysical Research Letters, 34 (12); L12402.

WANG G X, HU H C, LI T B, 2009. The influence of freeze - thaw cycles of active soil layer on surface runoff in a permafrost watershed [J]. Journal of Hydrology, 375 (3 - 4); 438 - 449.

WANG P, GRINEVSKY S O, POZDNIAKOV S P, et al., 2014a. Application of the water table fluctuation method for estimating evapotranspiration at two phreatophyte - dominated sites under hyper - arid environments [J]. Journal of Hydrology, 519; 2289 - 2300.

WANG P, NIU G Y, FANG Y H, et al., 2018. Implementing dynamic root optimization in Noah - MP for simulating phreatophytic root water uptake [J]. Water Resources Research, 54 (3); 1560 - 1575.

WANG P, POZDNIAKOV S P, 2014. A statistical approach to estimating evapotranspiration from diurnal groundwater level fluctuations [J]. Water Resources Research, 50 (3); 2276 - 2292.

WANG P, POZDNIAKOV S P, SHESTAKOV V M, 2015. Optimum experimental design of a monitoring network for parameter identification at riverbank well fields [J]. Journal of Hydrology, 523; 531 - 541.

WANG P, POZDNIAKOV S P, VASILEVSKIY P Y, 2017. Estimating groundwater - ephemeral stream exchange in hyper - arid environments; Field experiments and numerical simulations [J]. Journal of Hydrology, 555: 68 - 79.

WANG P, YU J J, POZDNIAKOV S P, et al., 2014b. Shallow groundwater dynamics and its driving forces in extremely arid areas: A case study of the lower Heihe River in northwestern China [J]. Hydrological Processes, 28 (3): 1539 - 1553.

WANG P, YU J, ZHANG Y, et al., 2013. Groundwater recharge and hydrogeochemical evolution in the Ejina Basin, northwest China [J]. Journal of Hydrology, 476: 72 - 86.

WANG P, YU J J, ZHANG Y C, et al., 2011a. Impacts of environmental flow controls on the water table and groundwater chemistry in the Ejina Delta, northwestern China [J]. Environmental Earth Sciences, 64 (1): 15 - 24.

WANG P, ZHANG Y C, YU J J, et al., 2011b. Vegetation dynamics induced by groundwater fluctuations in the lower Heihe River Basin, northwestern China [J]. Journal of Plant Ecology, 4 (1 - 2): 77 - 90.

WANG T Y, WANG P, WANG Z L, et al., 2021. Drought adaptability of phreatophytes: Insight from vertical root distribution in drylands of China [J]. Journal of Plant Ecology, 14 (6): 1128 - 1142.

WANG T Y, WANG P, WU Z N, et al., 2022. Modeling revealed the effect of root dynamics on the water adaptability of phreatophytes [J]. Agricultural and Forest Meteorology, 320, 108959.

WANG T Y, WANG P, YU J J, et al., 2019. Revisiting the White method for estimating groundwater evapotranspiration: A consideration of sunset and sunrise timings [J]. Environmental Earth Sciences, 78 (14), 412.

WANG W K, DAI Z X, ZHAO Y Q, et al., 2016. A quantitative analysis of hydraulic interaction processes in stream aquifer systems [J]. Scientific Reports, 6 (1): 19876.

WEBER M D, BOOTH E G, LOHEIDE S P, 2013. Dynamic ice formation in channels as a driver for stream - aquifer interactions [J]. Geophysical Research Letters, 40 (13): 3408 - 3412.

WEN X, WU Y, SU J, et al., 2005. Hydrochemical characteristics and salinity of groundwater in the Ejina Basin, northwestern China [J]. Environmental Geology, 48 (6): 665 – 675.

WHEATER H S, MATHIAS S A, LI X, 2010. Groundwater modelling in arid and semi arid areas [M]. Cambridge, UK: Cambridge University Press.

WHITE W N, 1932. A method of estimating ground – water supplies based on discharge by plants and evaporation from soil: results of investigations in Escalante Valley, Utah [R]. U. S. Government Printing Office: Water Supply Paper 659 – A. Washington D. C.

WINTER T C, 1995. Recent advances in understanding the interaction of groundwater and surface water [J]. Reviews of Geophysics, 33 (S2): 985 – 994.

WU B, ZHENG Y, WU X, et al. , 2015a. Optimizing water resources management in large river basins with integrated surface water – groundwater modeling: A surrogate – based approach [J]. Water Resources Research, 51 (4): 2153 – 2173.

WU G D, SHU L C, LU C P, et al. , 2015b. Variations of streambed vertical hydraulic conductivity before and after a flood season [J]. Hydrogeology Journal, 23 (7): 1603 – 1615.

XI H Y, ZHANG L, FENG Q, et al. , 2015. The spatial heterogeneity of riverbed saturated permeability coefficient in the lower reaches of the Heihe River Basin, Northwest China [J]. Hydrological Processes, 29 (23): 4891 – 4907.

XI H, FENG Q, LIU W, et al. , 2009. The research of groundwater flow model in Ejina Basin, northwestern China [J]. Environmental Earth Sciences, 60: 953 – 963.

XIE Y Q, COOK P G, BRUNNER P, et al. , 2014. When can inverted water tables occur beneath streams [J]. Groundwater, 52 (5): 769 – 774.

YAGER R M, 1993. Estimation of hydraulic conductivity of a riverbed and aquifer system on the Susquehanna River in Broome County, New York [R]. USGS water supply paper 2387. New York, NY: U. S. Geological Survey.

YANG X, LIU T, XIAO H, 2003. Evolution of megadunes and lakes in the Badain Jaran Desert, Inner Mongolia, China during the last 31,000 years [J]. Quaternary International, 104 (1): 99 – 112.

YAO Y Y, HUANG X, LIU J, et al. , 2015a. Spatiotemporal variation of river temperature as a predictor of groundwater/surface – water interactions in an arid watershed in China [J]. Hydrogeology Journal, 23 (5): 999 – 1007.

YAO Y Y, ZHENG C M, LIU J, et al., 2015b. Conceptual and numerical models for groundwater flow in an arid inland river basin [J]. Hydrological Processes, 29 (6): 1480 –1492.

YAO Y Y, ZHENG C M, TIAN Y, et al., 2015c. Numerical modeling of regional groundwater flow in the Heihe River Basin, China: Advances and new insights [J]. Science China Earth Sciences, 58 (1): 3 – 15.

YIN L H, ZHOU Y X, GE S M, et al., 2013. Comparison and modification of methods for estimating evapotranspiration using diurnal groundwater level fluctuations in arid and semiarid regions [J]. Journal of Hydrology, 496: 9 – 16.

YU T F, FENG Q, SI J H, et al., 2013. Hydraulic redistribution of soil water by roots of two desert riparian phreatophytes in northwest China's extremely arid region [J]. Plant and Soil, 372 (1 – 2): 297 – 308.

YUAN G, LUO Y, SHAO M, et al., 2015. Evapotranspiration and its main controlling mechanism over the desert riparian forests in the lower Tarim River Basin [J]. Science China Earth Sciences, 58 (6): 1032 – 1042.

YUE W F, WANG T J, FRANZ T E, et al., 2016. Spatiotemporal patterns of water table fluctuations and evapotranspiration induced by riparian vegetation in a semiarid area [J]. Water Resources Research, 52 (3): 1948 – 1960.

ZHANG P, YUAN G F, SHAO M A, et al., 2016. Performance of the White method for estimating groundwater evapotranspiration under conditions of deep and fluctuating groundwater [J]. Hydrological Processes, 30 (1): 106 – 118.

ZHANG X Y, ERSI, et al., 2007. Evaluation of the sap flow using heat pulse method to determine transpiration of the Populus euphratica canopy [J]. Frontiers of Forestry in China, 2 (3): 323 – 328.

ZHANG Y C, YU J J, WANG P, et al., 2011. Vegetation responses to integrated water management in the Ejina Basin, northwest China [J]. Hydrological Processes, 25 (22): 3448 – 3461.

ZHOU Y X, DONG D W, LIU J R, et al., 2013. Upgrading a regional groundwater level monitoring network for Beijing Plain, China [J]. Geoscience Frontiers, 4 (1): 127 – 138.

ZHU G F，SU Y H，FENG Q，2008. The hydrochemical characteristics and evolution of groundwater and surface water in the Heihe River Basin，northwest China [J]. Hydrogeology Journal，16（1）. 167－182.

ZHU J T，YOUNG M，HEALEY J，et al.，2011. Interference of river level changes on riparian zone evapotranspiration estimates from diurnal groundwater level fluctuations [J]. Journal of Hydrology，403（3－4）：381－389.